零基础学 Procreate 萌物绘

兔豆尼老师 编著

U0299845

人民邮电出版社

北京

图书在版编目（CIP）数据

零基础学Procreate萌物绘 / 兔豆尼老师编著. --
北京：人民邮电出版社，2021.5（2024.6重印）
ISBN 978-7-115-55117-7

Ⅰ．①零… Ⅱ．①兔… Ⅲ．①图像处理软件 Ⅳ.
①TP391.413

中国版本图书馆CIP数据核字（2020）第203974号

内 容 提 要

喜欢画画却苦于没有时间？不愿意费心创作，却又想体会绘画带来的种种快意？看了这本书你
就会知道，原来"萌"物也能用Procreate表现得如此淋漓尽致！在这个万物皆可"萌"的世界里，
认真看完就能轻松上手，书中有无限的乐趣等着你去挖掘。

这是一本教你用Procreate来画画的书，它将带你进入移动设备数字绘画领域，更自由地表达自
己的创意。全书共分为6课：第1课（Lesson 1）从Procreate的使用方法开始讲起，带你认识这款软
件的管理界面和绘图界面，除此之外，还会教你一些常用手势的操作方法、实用的上色方法及笔刷
的妙用；第2课（Lesson 2）将教大家使用Procreate画出基本的线条与图形，以及简笔画的绘制技巧；
第3课（Lesson 3）至第6课（Lesson 6）则教大家如何画出一个个萌趣可爱的小物，里面有吃货的
可爱日常、多变的天气、旅途的风景、快乐的节日、乖巧的萌宠、萌系小人和各种实用装饰小元素，
只需要寥寥几笔，就能让你信手涂绘出万物。

赶紧翻开这本书吧，让它为你的生活增添更多乐趣！

◆ 编　　著　兔豆尼老师
　　责任编辑　王　铁
　　责任印制　周昇亮

◆ 人民邮电出版社出版发行　　北京市丰台区成寿寺路 11 号
　　邮编　100164　　电子邮件　315@ptpress.com.cn
　　网址　https://www.ptpress.com.cn
　　天津市豪迈印务有限公司印刷

◆ 开本：690×970　1/16
　　印张：9.5　　　　　　　　　　2021 年 5 月第 1 版
　　字数：208 千字　　　　　　　2024 年 6 月天津第 15 次印刷

定价：69.80 元

读者服务热线：(010) 81055296　印装质量热线：(010) 81055316
反盗版热线：(010) 81055315
广告经营许可证：京东市监广登字 20170147 号

目 录

Lesson 3

Lesson 4

Lesson 5

Lesson 6

Lesson ①

零基础就能
快速上手的 Procreate

🐻 图库界面 🐻 绘图界面 🐻 自由变换 🐻 绘图辅助

🐻 手势操作 🐻 色彩快涂 🐻 笔刷妙用

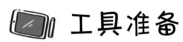

工具准备

用 iPad 绘画最大的优点就是便捷！一台 iPad 再加一支笔，在哪儿都能采集灵感！

> **必备硬件设备：iPad+Apple Pencil/其他触控笔**

电子绘画是非常便捷的绘画方式，需要准备的工具也非常简单，无论何时何地，只需要一台 iPad，配合一支 Apple Pencil 或者其他触控笔，就能轻松地完成绘画创作。

必备软件：Procreate

Procreate 是目前全球最受欢迎的绘画 App 之一，它操作简单、界面简洁，即使是零基础小白也能快速上手，用它创作出极具个人风格的手绘作品！

备选小工具

tips：喜欢纸张手感的小可爱们可以试一试.

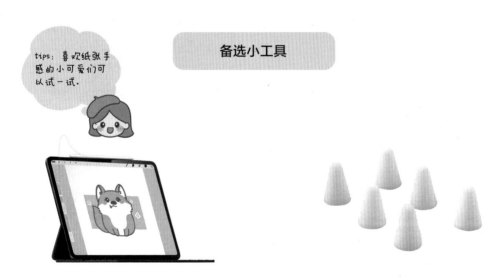

类纸膜：仿纸张手感的屏幕贴膜，贴上它后，画画时会有在纸上画画的感觉。

笔尖套：画画的时候帮助笔头增加摩擦力，并起到静音、不打滑的作用。

认识 Procreate

扫一扫，"码"上学

绘画开始之前，我们首先来熟悉一下界面！

Procreate 有两个主要工作界面，分别是图库界面和绘图界面。

图库界面

每次打开 Procreate，我们都会直接进入图库界面。

图库界面相当于相册，存放着过去所有的绘画作品。在这个界面里，我们可以整理、分享过去的画作，也可以新建画布，导入、导出文件。

绘图界面

当我们新建或者打开一个文件后，就会跳转到绘图界面。

绘图界面是我们的主要工作界面之一，绘画的部分都是在这里完成的！

tips：接下来，让我们详细了解这两个界面都有哪些功能吧！

图库界面

图库界面见证了我们从零基础小白成长为绘画小能手，每次打开，满满的都是珍贵的回忆！图库界面最上面一排是菜单栏，我们来看看每个按钮都能开启什么功能吧！

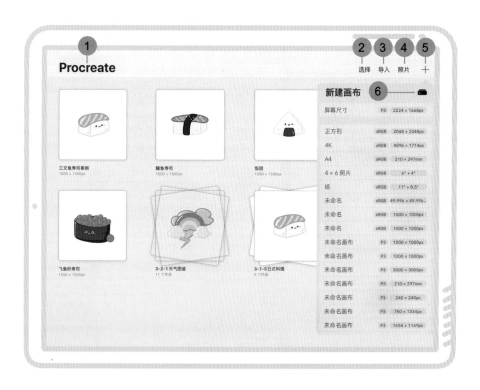

【位置①】	【位置②】	【位置③】
点击左上角的【Procreate】按钮，可以查看当前版本号，检查软件是否是最新版本。	点击【选择】按钮，可以对文件进行编组（堆）以及预览、分享、复制和删除。	点击【导入】按钮，可以将iPad里的文件在Procreate里打开。

【位置④】	【位置⑤】
点击【照片】按钮，会跳转到照片库，可以插入照片库里的照片或者图片。	点击【+】按钮，会弹出新建画布菜单，这里面就是我们最常用的新建画布功能了！

【位置⑥】

新建画布常用的方法有两种。

◎ 新建已有尺寸画布，可以直接点击列表里已有的尺寸，之前自定义的尺寸也会出现在列表里。

◎ 新建自定义画布，点击位置⑥，进入自定义画布界面，输入需要的画布尺寸，点击【创建】即可。

tips：随着画布尺寸的增大，图层会相应减少哦。

在图库界面，我们还可以对已有作品进行整理，

比较常用到的功能是编组和重命名。

【位置⑦】

编组：点击【选择】按钮，勾选需要放在一起的作品，选好之后点击右上角的【堆】按钮。

【位置⑧】

重命名：点击图片下方的图片名称，就可以修改作品名称啦！

绘图界面

绘图界面虽然简洁，功能可是相当强大的，一起来解锁它们吧！

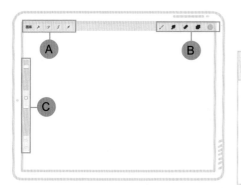

绘图界面的功能键可分为 3 组，大致介绍如下。

【位置Ⓐ】	【位置Ⓑ】	【位置Ⓒ】
功能菜单区，主要负责完成软件设置或图像调整。	绘图工具菜单区，包含画笔、涂抹、橡皮、图层、颜色等绘图工具。	快捷设置栏，方便我们在绘画过程中快速调整笔刷的参数。

【位置Ⓐ】	左上角的功能菜单区有 5 个按钮，依次为图库、操作菜单、调整菜单、选择工具和变换工具。
功能菜单区	

图库 ⚒ 〆 ⟲ ↗

1. 操作菜单

操作菜单主要负责软件设置的部分，包括：

【添加】	【画布】	【分享】
将图片素材导入当前画布，也可以对当前画布上的图像内容进行复制、粘贴。	可以调整画布尺寸、打开动画功能、打开和编辑绘图辅助功能、翻转画布、查看画布信息。	将当前作品以不同的格式导出。

【视频】	【偏好设置】	【帮助】
打开录制缩时视频功能，可以记录绘画过程并导出视频。	可以设置浅色界面、画笔光标等，也可以修改手势控制，关于常用的手势操作，在后面的内容中会详细介绍。	了解关于 Procreate 软件的更多内容。

调整

色相、饱和度、亮度

颜色平衡

曲线

渐变映射

高斯模糊

动态模糊

透视模糊

杂色

锐化

泛光

故障艺术

半色调

色像差

液化

克隆

 2. 调整菜单

调整菜单可以对已有图像的色彩进行调整，或增加艺术效果。

点击任意功能（除液化和克隆功能）进行调整时，选择图层模式，效果应用于当前图层的全局内容；选择 Pencil 模式，可以用画笔涂抹出想要作用的范围。

原始图像　　　　渐变映射（火焰）　　　　高斯模糊　　　　动态模糊

 3. 选择工具

选择工具可以帮助我们圈出画布上的一个区域，便于单独对圈出区域进行下一步的操作。点击【选择工具】，会出现以下 4 种模式。

自 动

在自动模式下，点击想选择的颜色，被选择的颜色会以互补色呈现。选择颜色后，手指随着屏幕上方的蓝条向右滑动，选区阈值会增大；向左滑动，选区阈值会减小。确定选区后，就可以进行下一步操作了。

手 绘

在手绘模式下，用笔直接圈出想选择的区域，会生成一条闪烁的虚线，沿着虚线绘制出想要的选区，点击虚线开始处的灰点，这时没有被选择的部分会变成灰白虚线，剩下的部分就是被选择的区域了。

矩 形

可以方便地创建矩形选区。

椭 圆

可以快捷地创建圆形或椭圆形选区。

4. 变换工具

有了变换工具，我们可以很方便地对图像进行缩放、旋转、变形等操作。

点击变换工具，会出现以下 4 种模式。

自由变换

拖动任意一个蓝点，可以使图像产生大小、高矮胖瘦的变化；按住绿点旋转，可以对图像进行旋转。

等比

拖动蓝点，对图像进行等比缩放。

扭曲

拖动蓝点，对图像进行扭曲，会出现透视效果的变形。

弯曲

拖动九宫格的任意位置，图像都会弯曲变形，呈现像哈哈镜一样有趣的效果。

tips: 如果想让你的变换方向或者旋转角度更精准，可以在使用变形工具的同时，打开下方的磁性选项哦。

右上角的绘图工具菜单区也有 5 个按钮，依次为画笔、涂抹、橡皮、图层和颜色。

【位置 Ⓑ】
绘图工具菜单区

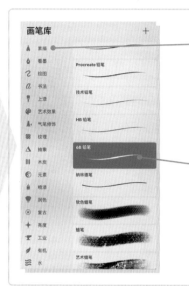

左边是画笔的分类。

1. 画笔

点击【画笔】可以直接进入画笔库，这里有各种效果的笔刷供我们选择。

点击左边画笔大类的名称后，在右边可以看到这个分类下的画笔，点击选择你需要的画笔，就可以开始画画啦！

点击单个画笔，就能进入画笔工作室，在这里可以对画笔的具体参数进行修改。

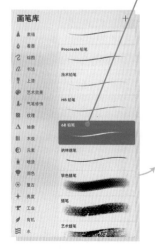

2. 涂抹

涂抹工具可以让色彩的过渡更加柔和。选择不同的笔刷，可以涂抹出不一样的效果哦。

3. 橡皮

橡皮工具的使用方法和画笔相同，选择你需要的笔刷，就可以对画面内容进行擦除了。

4. 颜色

右上角的圆圈是颜色工具，这里有 5 个模式可供选择。

色盘/经典

拖动圆点选择想要的颜色。

色彩调和

方便一次选择一组配色。

值

输入数值，精确取色。（本书中的案例色卡会提供HSB颜色模式的数值供大家参考）

调色板

在调色板里可以调取已存储的色卡，也可以将常用的颜色存储到这里。

【位置 ©】

快捷设置栏

左侧的工具条从上到下依次是画笔尺寸调节、吸色、画笔透明度调节、撤销和重做。

拖动上方滑块，可以调整画笔尺寸。

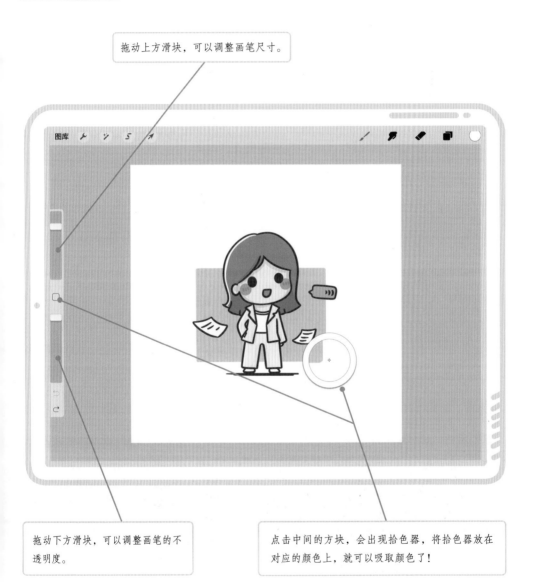

拖动下方滑块，可以调整画笔的不透明度。

点击中间的方块，会出现拾色器，将拾色器放在对应的颜色上，就可以吸取颜色了！

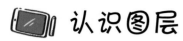

认识图层

掌握了图层的使用方法，创作会更高效！

图层可以看作是一张张叠放在一起的透明纸张，我们在不同的图层上完成创作后，将图层自上而下叠在一起，可以组成一幅完整的画面；如果隐藏或修改其中一个图层，也不会对其他图层的内容产生影响。

点击打开图层菜单，来看看关于图层都有哪些常用操作。

①点击【＋】按钮，可以新建图层。

②点击图层右侧的方框，可以显示/隐藏图层。

③点击图层右侧的【N】按钮，可以调整图层不透明度、切换图层叠加模式。

④将图层从左向右滑，可以一次选择多个图层。

⑤将图层从右向左滑，可以锁定/复制/删除图层。

⑥点击背景颜色图层，可以直接更改背景颜色。

点击除背景颜色图层之外的图层，调出图层操作菜单。

本书中，我们还会带领大家来学习如何使用图层操作菜单里的以下功能。

◎**重命名**

修改当前图层的名称。

◎**阿尔法锁定**

打开后，只能在当前图层已有内容的范围内继续绘画。

◎**剪辑蒙版（不适用于最底层图层）**

作用于下方图层，打开此功能后，只能在被作用图层已有内容的范围内绘画。效果与阿尔法锁定类似，不同的是由于分开了图层，修改起来更为灵活。

◎**绘图辅助（在已开启绘图指引的情况下）**

开启后，可以借助绘图指引的参考线完成作图。

◎**参考**

一般用于线稿图层，将当前图层设置为参考后，其他图层的上色范围将以这一图层为依据。

常用手势操作

有了手势操作的辅助，画画效率会倍增！一起来看看都有哪些常用的手势操作吧！

1. 画布控制

◎ 画布移动/缩放/旋转

用两根手指按住画布，通过移动、开合、旋转，就可以对画布执行移动、缩放、旋转的操作。

◎ 画布还原

两根手指快速向中间捏合，可以快速将画布还原至适应屏幕的大小。

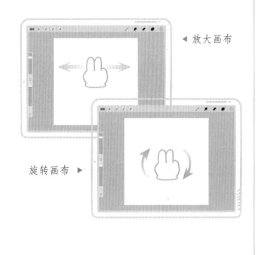

◀ 放大画布

旋转画布 ▶

tips: 两指移动、开合、旋转的操作对选区也适用哦。

2. 快速取色

一指长按想要吸取的颜色，即可吸取当前位置的颜色。

3.撤销与重做

◎撤销

两指在画布上轻点一次，可以撤销上一步操作；
两指长按画布，可连续快速撤销多步操作。

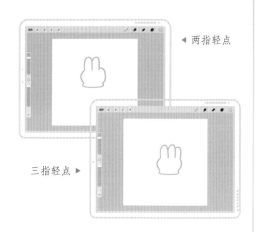

◀ 两指轻点

◎重做

三指在画布上轻点一次，可以重做上一步操作；
三指长按画布，可连续快速重做多步操作。

三指轻点 ▶

4. 剪切/拷贝/粘贴

三指在屏幕上从上往下滑，可以快速调
出剪切/拷贝/粘贴的功能菜单哦。

tips：打开操作
菜单—偏好设置—
手势控制，解锁更
多手势操作吧！

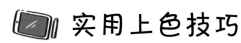 实用上色技巧

只需要掌握简单的手势操作，就可以学会实用上色技巧！

在Procreate里上色的时候，除了基础的平涂以外，
还有一些简单、实用的色彩快填小技巧。

Step 1：在右上角的颜色工具里选择
想要填充的颜色。

Step 2：将画笔放在所选的颜色上。

Step 3：直接拖动颜色到需要填充的
区域就填充好啦！

tips：填色溢出范围扩散到整个
屏幕怎么办？调整色彩快填阈
值：将颜色拖动到填充区域后，
保持笔不离开屏幕，左右滑动可
以调整色彩快填阈值，从而减少
或增加填色范围。

不同笔刷的妙用

笔刷那么多，到底要怎么选呢？在绘制萌物的时候，本书中用到了以下笔刷。

草图画笔

素描—6B铅笔

拥有略粗糙的铅笔质感，适合起稿。

线稿画笔1

着墨—工作室笔

绘制出的线条平滑圆润。

线稿画笔2

着墨—干油墨

绘制出的线条略带颗粒质感。

上色画笔1

着墨—工作室笔

可形成均匀的铺色效果。

上色画笔2

着墨—干油墨

可形成略带颗粒感的铺色效果。

上色画笔3

书法—单线

可呈现圆润的平涂效果。

Lesson ②
简笔画
可爱秘籍

😋 流畅的线条　😋 圆润的曲线　😋 利用绘图指引

😋 直角变圆角　😋 万物皆可拟人

流畅的线条

画一画直线

画出的线条歪歪扭扭？
试一试这样画直线！

徒手画的线条

tips：画出直线以后，另一根手指按住屏幕，就可以在移动画笔的时候，以15°为单位对绘制中的直线进行旋转，轻松画出水平、垂直等角度的直线。

画笔直的线条

画出线条以后，画笔不离开屏幕，稍做停留，笔直的线条就会出现了！

直线小练习

（参考笔刷：书法—单线）

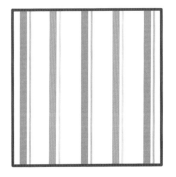

竖条纹

斜格纹

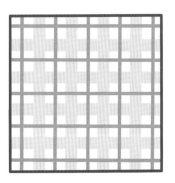

格子餐布

画一画曲线

"手抖星人"？
这样也能画出迷人的曲线！

徒手画的波浪线

tips：曲线生成以后，点击屏幕上方的编辑形状，可以对曲线进行进一步的编辑。

画圆润的曲线

和直线类似，画出曲线后，画笔不离开屏幕，稍做停留，刚才不平滑的曲线变圆润了！

曲线小练习

（参考笔刷：书法一单线）

下雨天

鲸来啦

"小怪兽"集体照

对称的图形

快速绘制标准图形

掌握了线条的画法，
漂亮的图形也能轻松搞定！

速创图形

用笔画出想要的形状之后，画笔不离开屏幕，稍做停留，线条会自动校准，形成近似形状；点击屏幕上方的【编辑形状】按钮，可以对图形进行进一步的编辑。

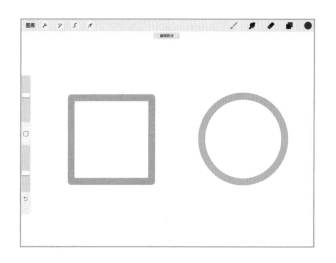

tips：画笔不离开屏幕的同时，用另一手指点击画布，可以让形状瞬间变成完美的形态。

利用快速绘制标准图形的小技巧，尝试画一画它们吧！

吹泡泡　　　　　　　　　　装饰旗帜　　　　　　　　　箱子里进猫啦

利用绘图指引画对称图形

有了绘图指引的对称模式，
绘画效率翻倍！

试试利用对称功能画一只小熊

Step 1：新建一个 **1500px×1500px** 的画布，打开操作菜单，在画布子菜单中点击【编辑绘图指引】按钮，选择对称模式，点击【完成】按钮。

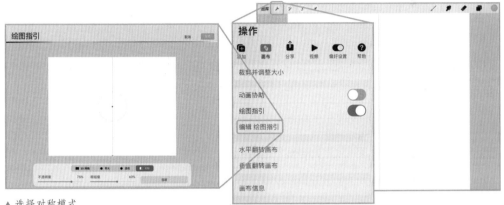

▲ 选择对称模式

▲ 点击【编辑 绘图指引】按钮

Step 2：选择工作室画笔，沿着对称轴，在右边勾勒出小熊的五官轮廓，这时左边会自动生成对称的部分。

▲ 新建图层并完成线稿

建议色卡
H：28 S：57 B：59

Step3：在线稿下方新建一个图层，打开图层的绘画辅助。给小熊涂上耳朵和腮红，可爱的小熊就轻松画好啦！

◀ 完成绘画

建议色卡

H：21 S：16 B：96

尝试借助绘画辅助的对称模式，画一画它们。

萌萌树仔

害羞蘑菇

阅读时光

甜甜蜂蜜罐

呆萌章鱼君

酸甜红西柚

变可爱的技巧

圆润的线条

把方方正正的直角轮廓，
变成柔和的圆角，简笔画突然软萌起来！

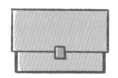

普通通勤包

方方正正的书本

普通烤箱

软软的小皮包

圆润的边角使手感变好了

圆角更可爱

拟人化表情

万物皆可拟人！
给物品加上可爱的表情，给可爱形象注入灵魂！

纸杯蛋糕

红苹果

普通面包

加上馋嘴的表情，看起来更美味了

有思想的苹果

感觉困困的

气氛小符号

搭配各式各样的气氛小符号，让简单的场景瞬间生动起来！

礼盒

发呆的小熊

候场的话筒

配合彩带和礼花，表现拆开有惊喜

吃到蜂蜜，小熊周围冒出了代表快乐的小星星

上台后兴奋起来

甜甜糖果色

不知道如何配色？选择甜甜的糖果色系准没错！

棉花糖配上樱花粉色，更香甜软糯

奶油黄色的冰激凌，可以激发食欲

多种颜色碰撞一下也不错

甜甜的糖果色物品在一起合影，怎么搭配都很和谐呢

Lesson ③

巧用对称功能，
绘出日常小可爱

♡ 速创图形　♡ 打造圆润造型　♡ 搭配糖果色调　♡ 气氛小符号

吃货的可爱日常

 清新果蔬食材

大部分水果的形状都是对称的，利用对称功能，可以事半功倍、很轻松地画出可爱的水果宝宝！

接下来，我们将以可爱的菠萝宝宝为例，跟大家分享水果的基本画法。

草图：6B铅笔

扫一扫，"码"上学

Step1：新建一个 1500px × 1500px 的画布，打开操作菜单，在画布子菜单中打开绘图指引，点击【自定义画布】按钮，进入自定义画布编辑界面。

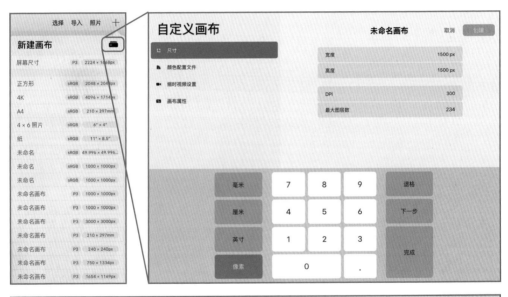

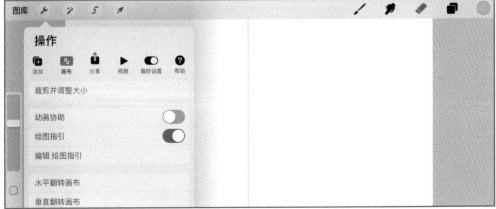

Step2：选择对称模式，点击【选项】按钮，在指引选项里选择垂直，打开辅助绘图，然后点击【完成】按钮。

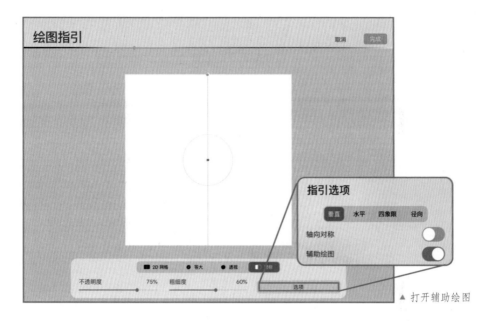

▲ 打开辅助绘图

Step3：打开画笔库，选择素描分类中的 6B 铅笔，利用对称功能勾勒出菠萝的形状轮廓，重命名该图层为草图。

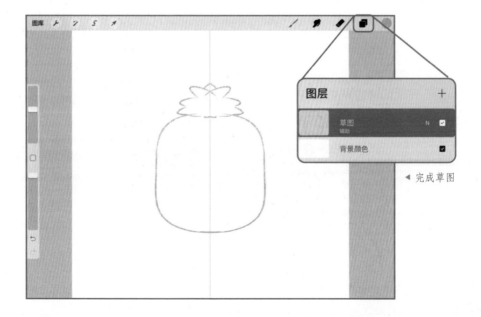

◀ 完成草图

线稿：工作室笔

Step4：在草图图层上方新建一个图层，修改图层名为菠萝轮廓，点击新图层选择绘画辅助，在画笔库选择着墨分类中的工作室笔，用黄色勾勒出菠萝果实部分的轮廓。

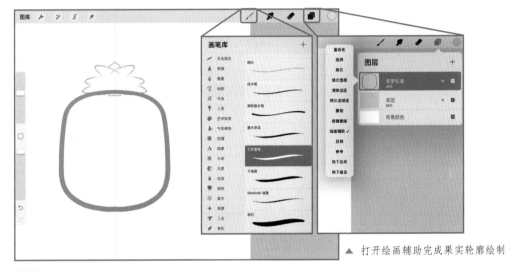

▲ 打开绘画辅助完成果实轮廓绘制

建议色卡
H：39 S：86 B：95

Step5：在菠萝轮廓图层上方新建一个图层，重命名为叶子轮廓，同样点击该图层选择绘画辅助，用绿色勾勒出叶子的轮廓，并在叶子中增加小线条作为装饰。

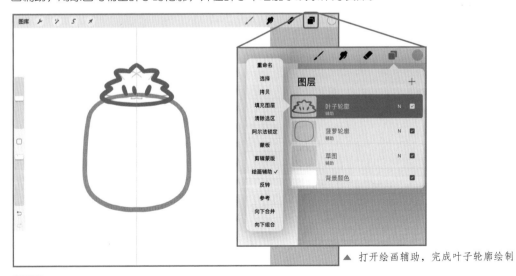

▲ 打开绘画辅助，完成叶子轮廓绘制

建议色卡
H：61 S：59 B：54

上色：单线/工作室笔

Step6：从右向左滑动叶子轮廓图层，点击【复制】按钮，复制出一个叶子轮廓图层。然后选择靠下的叶子轮廓图层，重命名为叶子填色。选择比线稿颜色浅一号的绿色，拖动颜色填充叶子的区域。

建议色卡
H: 61 S: 48 B: 75

▲ 左滑点击【复制】按钮

▲ 选择靠下的叶子轮廓图层

完成填色 ▶

Step7：用同样的方法制作出一个新的菠萝填色图层，选择比线稿颜色浅一号的黄色，拖动颜色填充菠萝果实的区域。

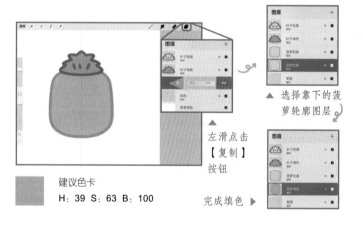

建议色卡
H: 39 S: 63 B: 100

▲ 左滑点击【复制】按钮

▲ 选择靠下的菠萝轮廓图层

完成填色 ▶

Step8：在菠萝填色图层上方新建一个纹理图层，点击【纹理】图层，选择剪辑蒙版，用单线或者工作室笔，以线稿颜色画出菠萝果实上的纹理；点击图层右边的【N】按钮，调整图层不透明度为60%。

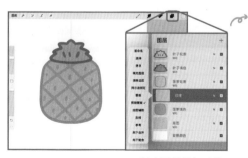

▲ 新建图层并打开剪辑蒙版

▲ 完成纹理绘制，调整不透明度

Step9：分别在纹理图层和叶子填色图层上方新建图层，重命名两个新图层并选择剪辑蒙版，用白色沿着线稿边缘勾勒出高光。

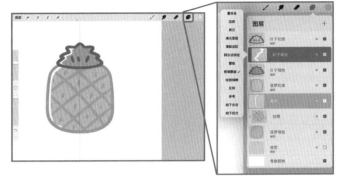

▲ 打开剪辑蒙版并完成高光绘制

Step10：在最上方新建可爱表情图层，在该图层中画出萌萌的表情。

▲ 完成表情绘制

Step11：打开操作菜单，在画布子菜单中关闭绘图指引，然后隐藏参考线，可爱的菠萝君就完成啦！

利用相同的方法，尝试完成更多的萌趣水果造型。

贪吃草莓君

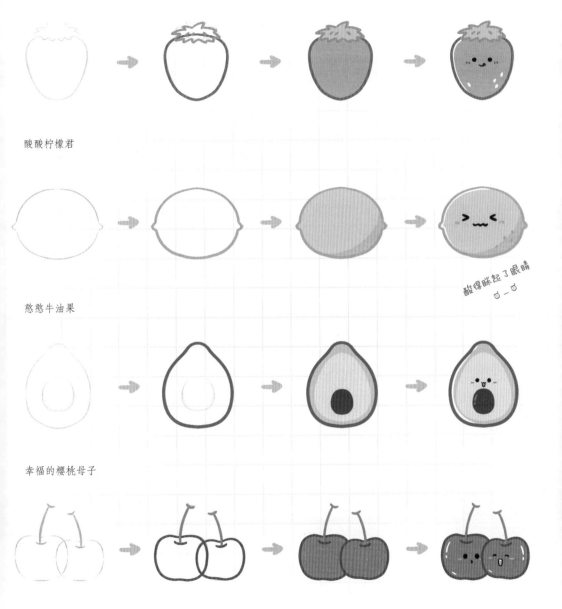

酸酸柠檬君

憨憨牛油果

幸福的樱桃母子

酸得眯起了眼睛
ฅ－ฅ

同样，大部分蔬菜也可以用对称的方法来完成绘制。

接下来，玉米君将代表谷物军团闪亮登场！

草图：6B 铅笔

Step1：新建一个 1500px × 1500px 的画布，重命名图层为草图，打开绘图指引的对称模式，选择绘画辅助，用 6B 铅笔勾勒出玉米整体的形状轮廓。

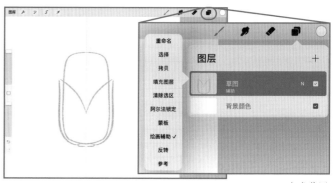

▲ 完成草图

线稿：工作室笔

Step2：新建两个图层，并分别重命名为叶子轮廓和玉米轮廓，打开绘画辅助，分别在两个图层中勾勒出玉米的轮廓和叶子的轮廓。

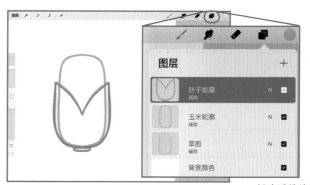

▲ 新建图层并打开绘画辅助，完成轮廓线稿的绘制

建议色卡
H：38 S：66 B：96

建议色卡
H：61 S：54 B：67

Step3：继续新建两个图层，重命名为叶脉纹理和玉米呆毛。分别勾勒出叶脉和玉米君可爱的呆毛，使形象更呆萌可爱。

新建图层并添加细节 ▶

上色：
单线/工作室笔

Step4：复制玉米轮廓和叶子轮廓图层，分别重命名为玉米填色和叶子填色，选择比线稿浅一号的颜色，拖动颜色填充玉米和叶子，交换叶脉纹理和叶子填色图层的位置。

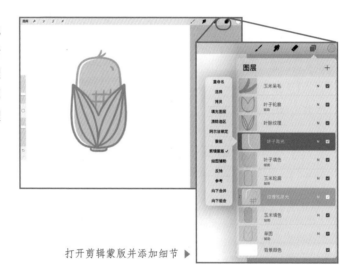

建议色卡
H：43 S：53 B：100

建议色卡
H：60 S：28 B：87

▲ 完成填色

Step5：分别在玉米填色图层和叶子填色图层上方新建一个图层，重命名为纹理和高光、叶子高光，选择剪辑蒙版，勾勒出玉米的纹理和高光，以及叶子的高光。

打开剪辑蒙版并添加细节 ▶

Step6：在最上方新建一个图层，给玉米君加上可爱的表情！画完记得隐藏最下层的草图图层，关闭绘图指引，玉米君新鲜出炉！

一大波蔬菜君等你来画！

刚烫头的
小青菜

不会秃头
的西兰花

发量惊人！
(๑•̀ㅁ•́๑)

胖乎乎的
茄子

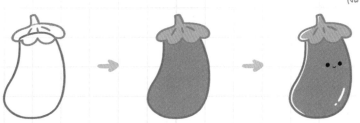

将相关联的配菜画在一起，乐趣加倍！

番茄君和
鸡蛋宝宝

大葱酱
和睡不醒的豆腐

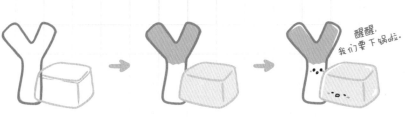

醒醒，
我们要下锅啦！

咖喱组合
土豆和胡萝卜

 可爱烘焙甜点

诱人的甜点为我们的生活增添了许多快乐。
圆润的造型搭配甜甜的糖果色，装饰效果超级棒！
一起来画一个香甜软糯的蓝莓蛋糕吧！

草图：6B铅笔

Step1：新建一个 1500px × 1500px 的画布并重命名图层为草图，用 6B 铅笔勾勒出三角蛋糕的形状轮廓，在蛋糕上加两粒椭圆形的蓝莓作为装饰。

tips：露出蛋糕的切面，可以更好地展示蛋糕丰富的层次，更能激发食欲哦！

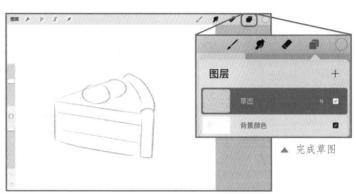

▲ 完成草图

线稿：工作室笔

Step2：新建一个蛋糕线稿图层，用浅黄色勾勒出蛋糕部分的线稿，可以将转折处画成圆角，增加软糯感。

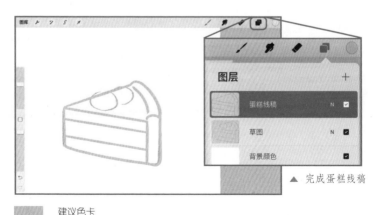

▲ 完成蛋糕线稿

建议色卡
H：39 S：46 B：100

Step3：新建一个蓝莓线稿图层，用紫色画出椭圆形的蓝莓果实，并在椭圆形的基础上画出不规则的小叶子，从而勾勒出蓝莓的轮廓。

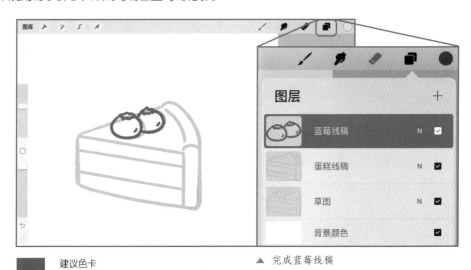

建议色卡
H：273 S：28 B：65

▲ 完成蓝莓线稿

上色：硬气笔/工作室笔

Step4：在蛋糕线稿图层下方新建一个蛋糕底色图层，用比线稿浅一点的黄色涂在蛋糕的侧面，隐藏草图图层。

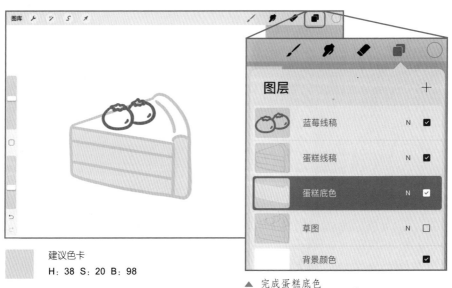

建议色卡
H：38 S：20 B：98

▲ 完成蛋糕底色

Step5：在蛋糕底色图层上方新建一个中间层奶油图层，选择剪辑蒙版，用深浅不一的紫色和白色涂出中间层的奶油。

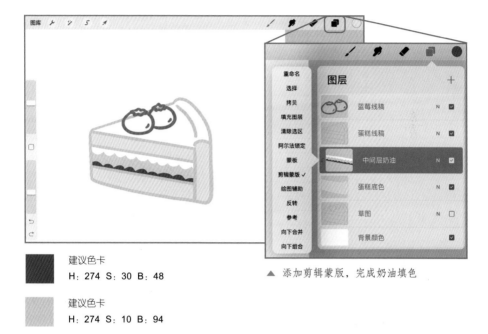

建议色卡
H：274 S：30 B：48

建议色卡
H：274 S：10 B：94

▲ 添加剪辑蒙版，完成奶油填色

Step6：在中间奶油层图层上方新建一个边缘奶油图层，选择剪辑蒙版，用白色涂出边缘的奶油。

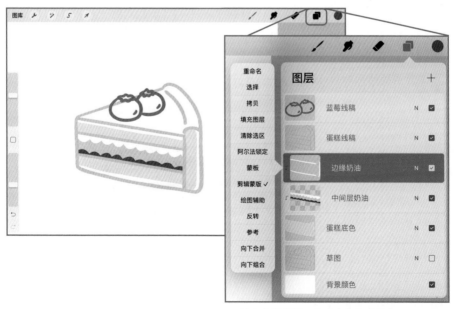

▲ 添加剪辑蒙版，完成边缘奶油填色

43

Step7：复制蓝莓线稿图层，将其重命名为蓝莓上色图层并放在蓝莓线稿图层下方，填充紫色，用白色弧线绘出高光。

解锁更多美味甜点！

软萌泡芙

甜甜马卡龙

奶油蛋糕

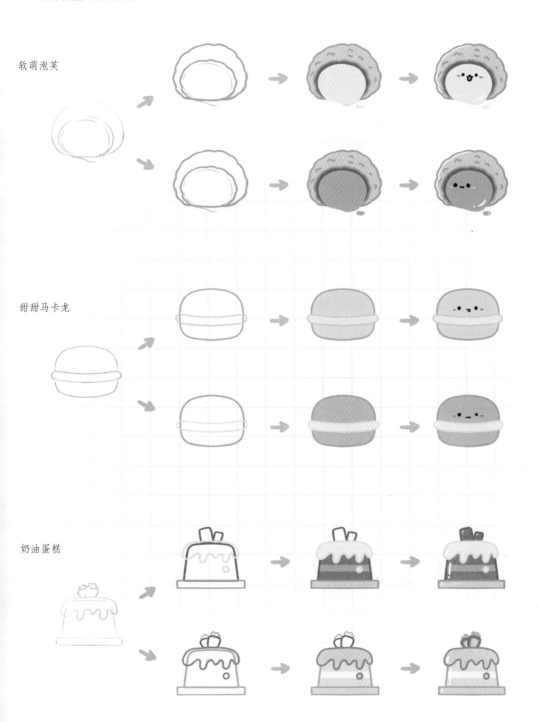

下午茶

甜蜜的奶茶、醇香的咖啡……
下午茶少了饮品可不行！
一起用珍珠奶茶解锁下午茶的绘画方法吧！

草图：6B铅笔

Step1：新建一个 1500px×1500px 的画布，重命名图层为杯子草图。打开绘图指引中的对称模式，画出奶茶杯的轮廓。

tips：想画出可爱的奶茶杯，可以悄悄把杯子变矮一点，矮矮胖胖的杯子更可爱哦！

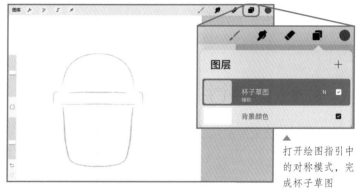

▲ 打开绘图指引中的对称模式，完成杯子草图

Step2：新建一个吸管草图图层，单独画出吸管，斜插在杯子里。

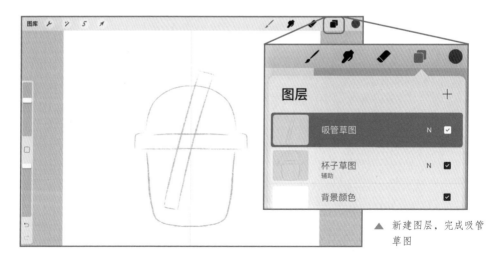

▲ 新建图层，完成吸管草图

线稿：工作室笔

Step3: 新建一个杯子线稿图层，点击图层，选择绘画辅助，借助对称功能勾勒出杯子的线稿。

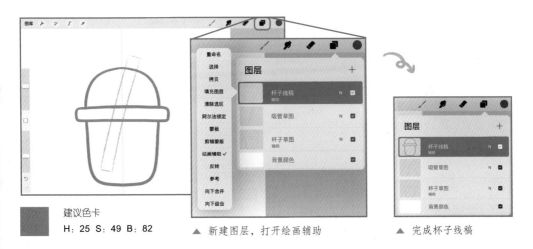

建议色卡
H：25 S：49 B：82

▲ 新建图层，打开绘画辅助

▲ 完成杯子线稿

Step4： 新建一个吸管线稿图层，勾勒出吸管的轮廓。

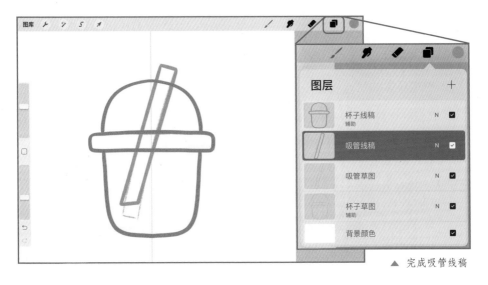

▲ 完成吸管线稿

建议色卡
H：22 S：32 B：87

上色：单线/工作室笔

Step5：在线稿下方新建一个奶茶图层，填充奶茶部分的颜色并隐藏草图。

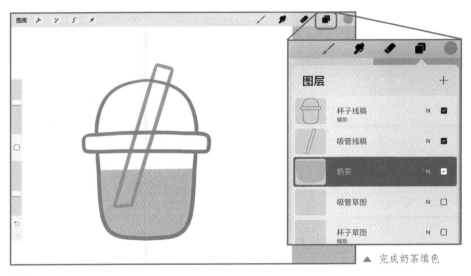

▲ 完成奶茶填色

建议色卡
H：26 S：26 B：94

Step6：在奶茶图层上方新建一个杯壁图层，打开剪辑蒙版，用白色涂出杯壁的厚度。

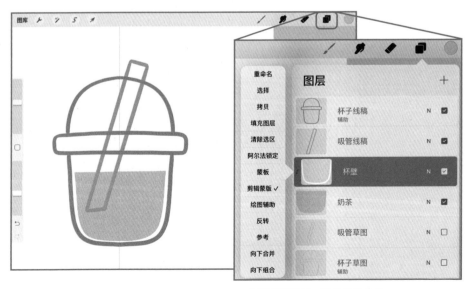

▲ 打开剪辑蒙版，完成杯壁填色

Step7：新建一个珍珠图层，用深色画出奶茶里的珍珠，再用稍浅一些的颜色绘出珍珠的高光。珍珠随机分布在杯子里会显得更可爱。

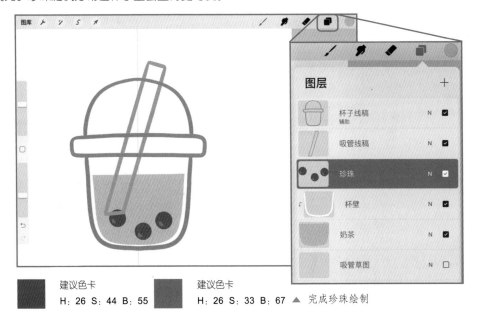

建议色卡
H：26 S：44 B：55

建议色卡
H：26 S：33 B：67 ▲ 完成珍珠绘制

Step8：复制吸管线稿图层，作为上色图层放在吸管线稿图层下方，重命名为吸管上色，直接拖动颜色进行填色。

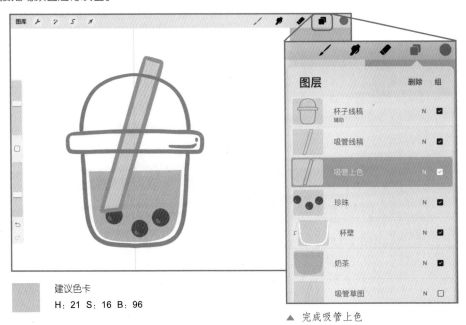

建议色卡
H：21 S：16 B：96

▲ 完成吸管上色

Step9：加上杯身的装饰线条和杯壁的高光，关闭绘图指引，甜甜的珍珠奶茶就完成啦！

下午茶家族的好伙伴！

芒果酪酪君

香软冰激凌

雪顶抹茶君

中式美食

无论是路边小吃，还是火锅大餐，
都是难以拒绝的中式味道！
从手抓饼开始，解锁传统中式美食！

草图：6B铅笔

Step1： 新建一个 1500px × 1500px 的画布，重命名图层为草图。用 6B 铅笔勾勒出手抓饼每一部分的形状，不用刻画太多细节，尽量用简洁的轮廓线概括出每一种食材。

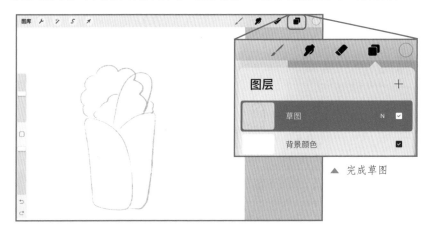

▲ 完成草图

线稿：工作室笔

Step2： 新建一个手抓饼线稿图层，用圆润的弧形勾勒出手抓饼的轮廓，在底部随机点上小圆点作为装饰。

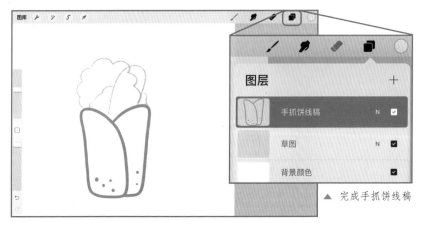

▲ 完成手抓饼线稿

 建议色卡
H：34 S：59 B：87

Step3：分别新建 3 个图层，用对应的颜色在相应图层勾勒出蔬菜、鸡蛋和香肠的形状，注意食材之间的摆放顺序，从上到下依次是香肠线稿图层、鸡蛋线稿图层和蔬菜线稿图层。

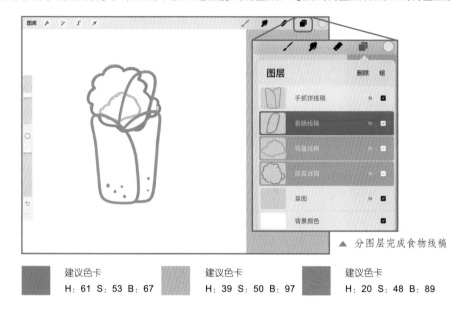

▲ 分图层完成食物线稿

建议色卡
H：61 S：53 B：67

建议色卡
H：39 S：50 B：97

建议色卡
H：20 S：48 B：89

上色：硬气笔/工作室笔

Step4：复制手抓饼线稿图层，作为上色图层放在手抓饼线稿图层下方，重命名为手抓饼上色，选择深浅两个色号的面饼颜色，分别填充在左右两边的区域，隐藏草图。

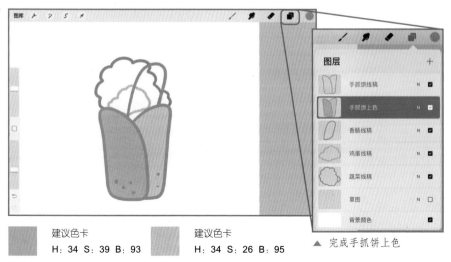

▲ 完成手抓饼上色

建议色卡
H：34 S：39 B：93

建议色卡
H：34 S：26 B：95

Step5：在手抓饼上色图层上方新建一个饼高光图层，打开剪辑蒙版，用白色勾勒出饼边的高光。

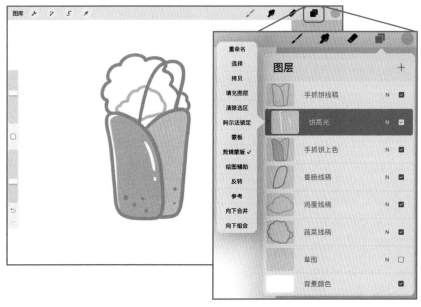

▲ 添加剪辑蒙版，完成高光绘制

Step6：依次复制香肠、鸡蛋和蔬菜的线稿图层，将复制出的下方图层都作为上色图层，从上到下分别重命名为香肠上色、鸡蛋上色和蔬菜上色，拖动颜色填充对应的区域。

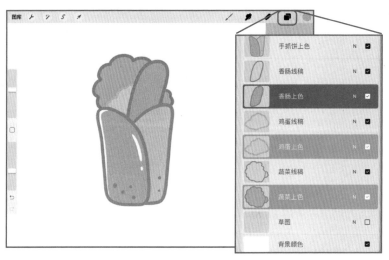

▲ 完成食材上色

 建议色卡
H：61 S：40 B：79

建议色卡
H：44 S：54 B：100

 建议色卡
H：21 S：35 B：95

Step7：在最上方新建一个图层，为食材增加细节。香脆可口的手抓饼就完成啦！

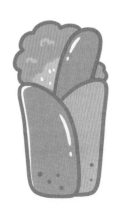

一起来画更多美味！

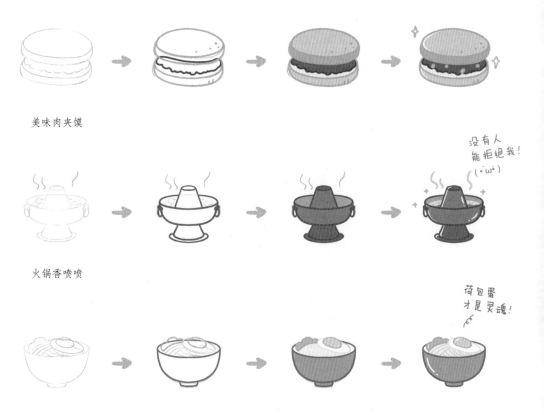

美味肉夹馍

火锅香喷喷

没有人能拒绝我！(·ω·)

荷包蛋才是灵魂！

夜宵来碗面

日式料理

没有胃口的时候，
来一顿日式料理一定不会错！
一起来解锁寿司届的门面担当三文鱼寿司吧！

扫一扫，"码"上学

草图：6B铅笔

Step1：新建一个1500px×1500px的画布，重命名图层为米饭草图。简单勾勒出寿司米饭部分的形状轮廓，使其稍稍侧向一边，会显得更加生动可爱。

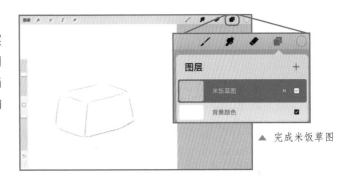
▲ 完成米饭草图

tips：寿司的米饭可以画成一个长方体，鱼肉像被子一样盖在上面。

Step2：在米饭草图图层的上方新建一个三文鱼草图图层，用圆润的线条勾勒出软软的鱼肉。

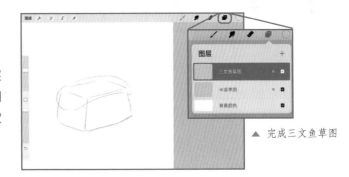
▲ 完成三文鱼草图

线稿：工作室笔

Step3：新建两个图层，分别重命名为三文鱼线稿和米饭线稿，在相应图层中勾勒出鱼肉部分和米饭部分的轮廓。米饭部分可以用软软的波浪线来画，会比用直线画更显软糯。

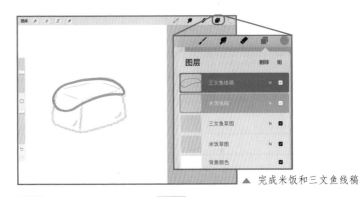
▲ 完成米饭和三文鱼线稿

建议色卡
H: 39 S: 29 B: 99

建议色卡
H: 26 S: 60 B: 100

上色：单线/工作室笔

Step4：给米饭部分和三文鱼部分分别填充底色。新建图层并重命名为米饭上色，米饭部分选择比线稿浅一号的颜色，涂在对应区域；三文鱼的部分可以直接复制三文鱼线稿图层，并重命名为三文鱼上色，拖动颜色填充对应区域。隐藏草图。

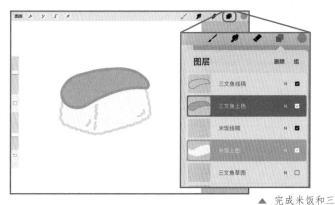

▲ 完成米饭和三文鱼填色

建议色卡
H：36 S：6 B：100

建议色卡
H：26 S：45 B：100

Step5：在三文鱼上色图层上方新建一个纹理图层，打开剪辑蒙版，用同色系较浅的颜色画出三文鱼的纹理；继续新建一个高光图层，用白色画出高光。

打开剪辑蒙版，完成三文鱼纹理绘制 ▶

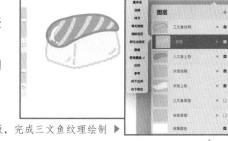

建议色卡
H：27 S：14 B：99

▲ 新建图层，完成高光绘制

Step6：加上萌萌的表情，一个软糯诱人的三文鱼寿司就完成啦！

解锁更多人气日料！

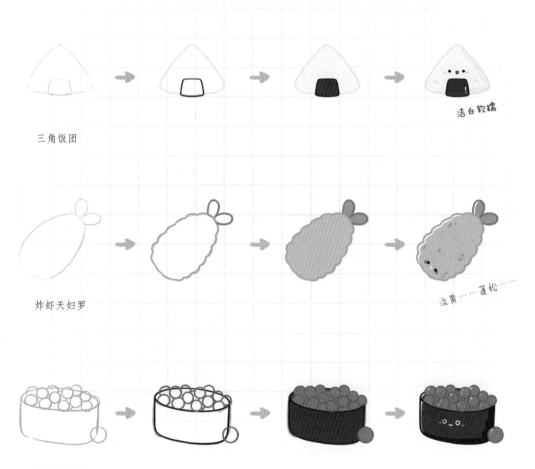

炙烤鳗鱼寿司

三角饭团

洁白软糯

炸虾天妇罗

滚黄……蓬松……

飞鱼籽寿司

多变的天气

 天气图鉴 | 日出日落，云卷云舒，
每一种天气都有自己的小脾气。
从可爱的云朵宝宝开始，记录属于你自己的天气心情吧！

草图：6B铅笔

Step1：新建一个 1500px×1500px 的画布，重命名图层为草图，用大小不一的半圆弧勾勒出云朵的轮廓，整体形状圆润饱满会更显软糯可爱。

▲ 完成云朵草图

线稿：工作室笔

Step2：新建线稿图层，用天蓝色勾勒出云朵的形状轮廓。每个圆弧用一笔勾勒出，可以使线条看起来更流畅。

▲ 完成云朵线稿

建议色卡
H：215 S：44 B：85

上色：工作室笔

Step3：复制一个线稿图层作为铺色图层，放在线稿图层下方，把白色直接拖进云朵内部，填充整个云朵的区域。

▲ 新建图层，完成云朵填色

Step4：用浅一点的蓝色，沿着线稿的边缘勾勒出粗线条的阴影；再给云朵加上一个可爱的表情，又软又甜的云朵宝宝就诞生啦！

单独的小云朵一般用来代表多云的天气，是常用的天气小元素。

在小云朵的基础上加上其他天气小元素，再搭配上合适的表情，就能得到一系列的天气图鉴。

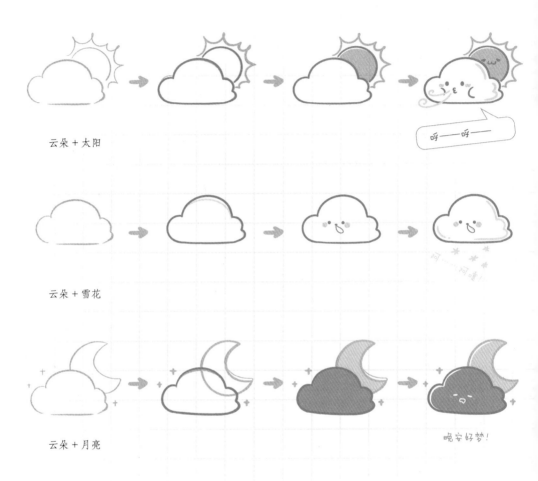

云朵 + 太阳

呼——呼——

云朵 + 雪花

云朵 + 月亮

晚安好梦！

将云朵变换颜色和表情，也能体现不一样的天气情绪。

暴躁的乌云　　　　　　　　电闪雷鸣　　　　　　　　雨过天晴的彩虹桥

萌萌星球

每个人都有属于自己的小宇宙，

每个小宇宙中都有独一无二的美丽星球。

从一颗小小星球出发，冲向属于你的浩瀚无垠吧！

扫一扫，"码"上学

草图：6B铅笔

Step1：新建一个 1500px × 1500px 的画布，重命名图层为星球轮廓草图，在该图层画一个圆。

tips：画圆的同时用另一只手点按屏幕，可以快速生成标准的圆形哦。

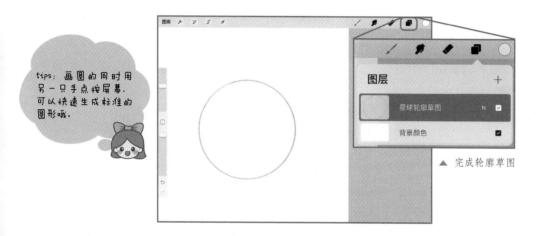

▲ 完成轮廓草图

Step2：新建光环和流星草图图层。在该图层中，绕着星球的赤道位置画出两道长弧形，形成光环。在星球上方画一颗五角星，用长弧线勾勒出漂亮的尾迹。

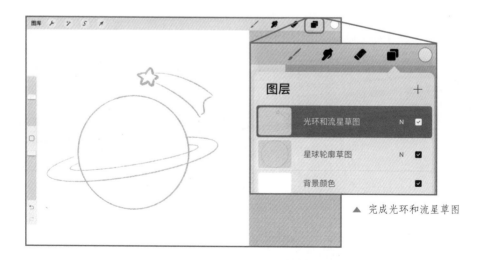

▲ 完成光环和流星草图

线稿：工作室笔

Step3：新建 4 个图层，选择两种你喜欢的颜色进行搭配，分别勾勒出星球、光环、流星的尾迹和流星，将 4 个图层分别命名为星球线稿、光环线稿、流星尾迹线稿和流星线稿，隐藏草图。

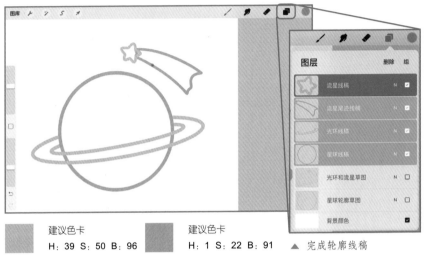

建议色卡	建议色卡
H：39 S：50 B：96	H：1 S：22 B：91

▲ 完成轮廓线稿

上色：单线/工作室笔

Step4：分别复制星球线稿图层、流星尾迹线稿图层和流星线稿图层作为铺色图层，分别重命名为光环铺色、流星尾迹填色、流星填色，拖动比线稿浅一号的颜色填充在对应的区域；在光环线稿图层下方复制一个图层，重命名为光环铺色，用单线画笔给光环铺色。

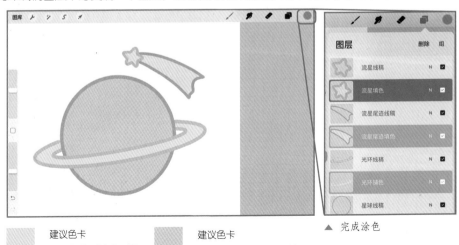

建议色卡	建议色卡
H：39 S：21 B：98	H：355 S：14 B：100

▲ 完成涂色

最后，给小星球加上表情，
用粉色涂出腮红，
萌萌的小星球诞生啦！

忧郁星球

迷途飞碟

喵喵星球

暴躁火箭

旅途的风景

 青森花园 | 玫瑰的浪漫，雏菊的恬静，
向日葵的灿烂……
在能治愈心灵的花园漫步，从一朵点亮春天的樱花开始吧！

草图：6B铅笔

Step1：新建一个 1500px × 1500px 的画布，重命名图层为草图。打开绘图指引里的对称模式，借助对称辅助功能，勾勒出 5 片花瓣，并在每片花瓣顶部画出小小的"V"字形缺口，作为樱花的基础轮廓。

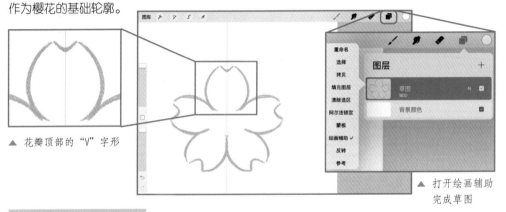

▲ 花瓣顶部的"V"字形

▲ 打开绘画辅助
完成草图

线稿：干油墨

Step2：新建一个线稿图层，打开图层的绘画辅助功能，用粉色勾勒出花瓣轮廓，隐藏草图图层。

▲ 打开绘画辅助完成线稿

建议色卡
H：12 S：26 B：96

上色：干油墨

Step3：复制出一个线稿图层作为底色图层并重命名该图层为底色。选择比线稿浅一号的粉色，把颜色拖动到花瓣的区域，给樱花填充底色。

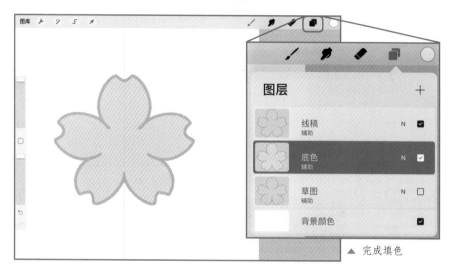

▲ 完成填色

建议色卡
H：12 S：12 B：99

Step4：新建一个花蕊图层，选择浅黄色，在花蕊的位置画一个圆。

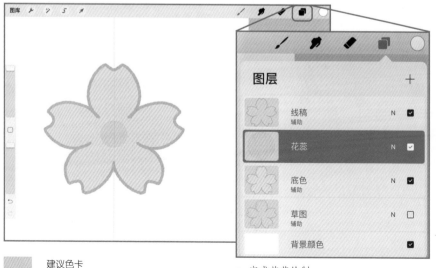

建议色卡
H：39 S：38 B：100

▲ 完成花蕊绘制

Step5：新建一个花瓣装饰图层，用白色在每一个花瓣中间画出点和短线，作为花瓣的装饰。

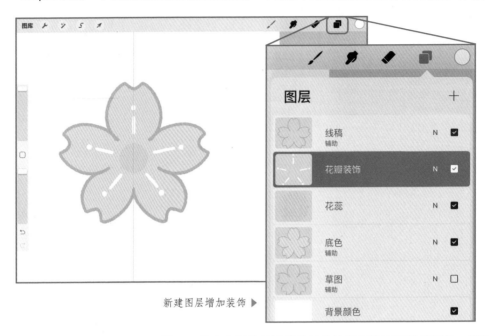

新建图层增加装饰 ▶

　　Step6：最后新建一个高光图层，用白色沿着花瓣和花蕊的边缘勾勒出高光的部分，增加层次感。一朵甜美的樱花就完成啦！

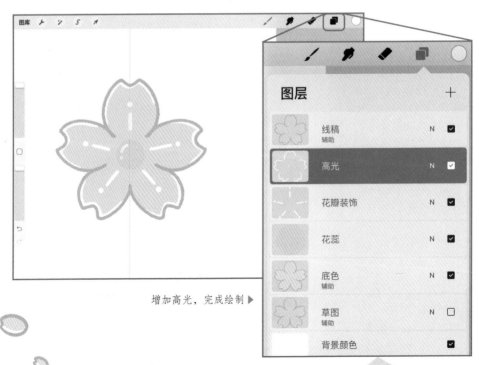

增加高光，完成绘制 ▶

继续漫步花园，采撷缤纷春色。

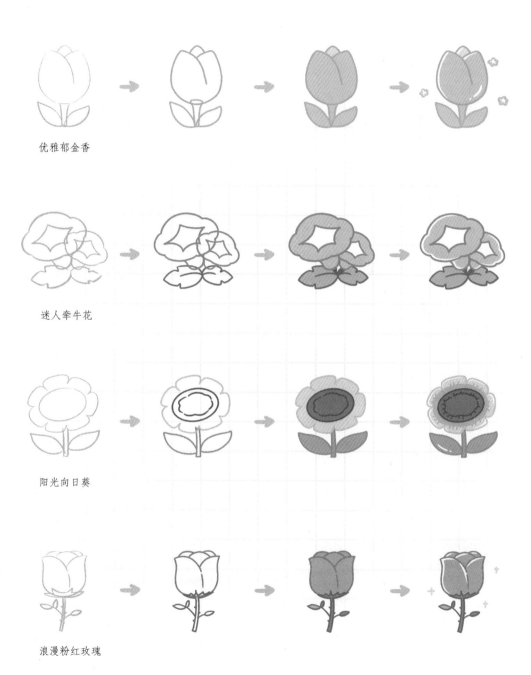

优雅郁金香

迷人牵牛花

阳光向日葵

浪漫粉红玫瑰

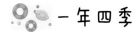 一年四季

春夏秋冬，四时交替，
旅途中总有使人快乐的风景。
从生机盎然的春天开始，记录四季的迷人风景吧！

草图：6B铅笔

Step1：新建一个 1500px × 1500px 的画布，重命名图层为草图树木。用不规则的波浪线画出草丛和树冠的形状，添加树干，让画面更完整。

▲ 完成树木草图

Step2：新建一个草图花和蘑菇图层，在左边区域添加具有春天气氛的小元素——樱花和蘑菇，在空中画上一些纷飞的花瓣。

▲ 增加樱花和蘑菇

线稿：干油墨

Step3：新建 5 个图层，用不同的颜色在相应图层中勾勒出树干、草丛和树冠、樱花、蘑菇的身体和头部，让每个部分的轮廓都完整闭合。注意图层之间的顺序，从上到下依次是蘑菇头部、蘑菇身体、樱花、草丛和树冠、树干。画完之后隐藏草图。

建议色卡
H：20 S：60 B：84

建议色卡
H：28 S：10 B：98

建议色卡
H：61 S：53 B：67

建议色卡
H：12 S：27 B：96

建议色卡
H：29 S：56 B：58

完成线稿 ▶

上色：干油墨

Step4：分别复制出 5 个线稿图层，放在对应线稿图层下方作为上色图层并分别重命名。选择比线稿浅一点的同色系颜色，拖动填充对应的区域。

建议色卡
H：21 S：39 B：91

建议色卡
H：25 S：7 B：100

建议色卡
H：61 S：40 B：79

建议色卡
H：21 S：16 B：96

建议色卡
H：28 S：53 B：70

完成填色 ▶

71

Step5：分别在草丛和树叶填色图层、樱花填色图层和蘑菇头部填色图层上方新建一个图层，点击图层选择剪辑蒙版，勾勒出花瓣和树叶的高光、蘑菇的纹理。

建议色卡
H：21 S：29 B：97

▲ 打开剪辑蒙版完成细节刻画

Step6：在所有正稿图层下方新建一个图层，画一个粉色矩形作为背景，使画面更温馨、更完整。迷人的春天景象就完成啦！

用同样的方法，画出其他季节的浪漫风光。

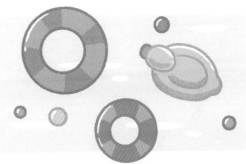

夏日泳池

秋日枫林

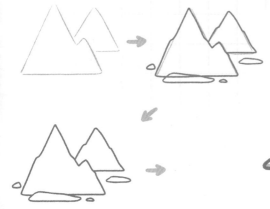

冬日雪山

快乐的节日

 生日派对 | 生日是一年一度的狂欢日，
每一个细节都值得回忆和珍藏！
从最甜蜜的生日蛋糕开始，用画笔定格这个美好的日子吧！

草图：6B铅笔

Step1：新建一个 1500px × 1500px 的画布，重命名该图层为蛋糕草图，画一个双层蛋糕和一个蛋糕底座，在蛋糕的上层和下层用不规则的波浪线勾勒出奶油的形状。

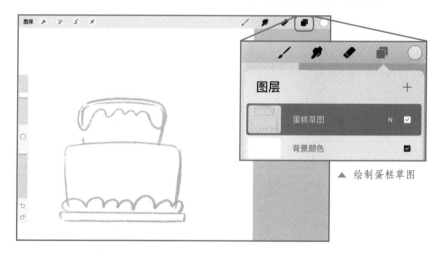

▲ 绘制蛋糕草图

Step2：新建一个装饰元素草图图层，在蛋糕顶部和蛋糕主体部分加上小爱心、小星星等可爱的装饰元素。

▲ 绘制装饰元素草图

线稿：干油墨

Step3：新建一个蛋糕线稿图层和一个装饰元素线稿图层，选择棕色，用干油墨画笔勾勒出蛋糕和装饰元素的轮廓。

▲ 绘制蛋糕线稿

建议色卡
H：29 S：56 B：58

上色：单线/干油墨

Step4：新建 3 个图层，选择甜美的马卡龙色给蛋糕和底座填充底色，并分别重命名图层为下层蛋糕底色、上层蛋糕底色、底座。

分图层填色 ▶

建议色卡
H：21 S：16 B：96

建议色卡
H：40 S：20 B：98

建议色卡
H：39 S：50 B：96

Step5：新建两个图层，重命名为上层装饰元素和下层装饰元素，分别给顶部和下层蛋糕上的小装饰填充底色，注意颜色种类尽量控制在 3 种以内。

分图层完成小装饰的填色 ▶

建议色卡
H：215 S：27 B：90

建议色卡
H：12 S：26 B：96

建议色卡
H：39 S：50 B：96

Step6：新建两个图层，重命名为下层蛋糕花纹和上层蛋糕花纹，选择比蛋糕深一号的颜色，在蛋糕上画出漂亮的纹理。

新建图层，绘制蛋糕花纹 ▶

Step7：新建一个阴影图层，选择干性墨画笔，用浅黄色画出奶油的阴影以表现质感。隐藏两个草图图层。

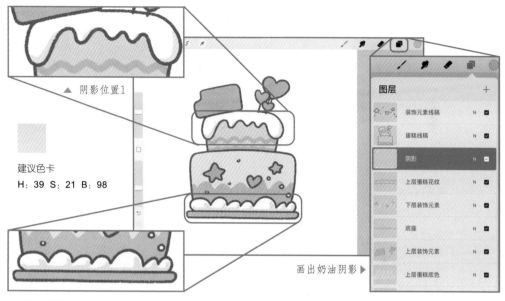

▲ 阴影位置1

建议色卡
H：39 S：21 B：98

画出奶油阴影 ▶

▲ 阴影位置2

Step8：使用干油墨画笔，选择白色，分别新建两个图层，一个作为高光图层，重命名为高光，画出蛋糕边缘的高光；另一个作为文字图层，写上"HAPPY BIRTHDAY"并重命名图层为 happy birthday，可爱的生日蛋糕就完成啦！

绘制高光和文字 ▶

美妙的生日派对还需要它们。

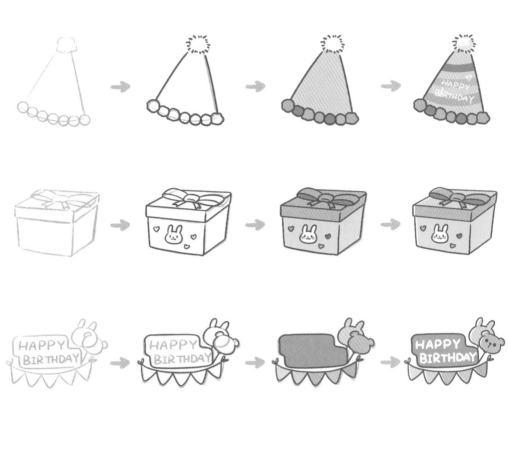

奇妙万圣节

飞来飞去的小幽灵，尖头尖脑的巫师帽，
万圣夜的放肆狂欢简单又快乐。
从萌萌的南瓜灯开始，一起踏上奇妙万圣节之旅吧！

扫一扫，"码"上学

草图：6B铅笔

Step1：新建一个 1500px×1500px 的画布，重命名图层为南瓜草图。打开绘图指引，选择对称模式，画出南瓜的外轮廓，中间大、两边稍小会显得更可爱。

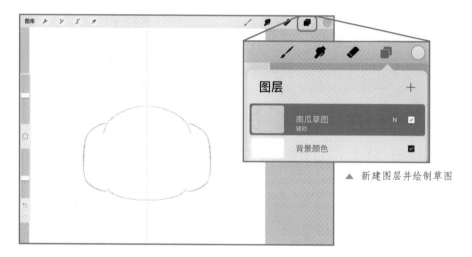

▲ 新建图层并绘制草图

Step2：新建一个帽子和表情草图图层，在该图层上给南瓜灯加上一个"奶凶"的小表情，戴上一顶巫师帽。

tips：想画出更凶的小南瓜？可以尝试在眼形上稍做改变！眼角上翘会显得更有气场！

▲ 绘制帽子和表情草图

线稿：干油墨

Step3：新建 3 个线稿图层，分别重命名为南瓜线稿、帽子线稿、可爱表情，在相应的图层中勾勒出南瓜的轮廓、帽子的轮廓和"奶凶"的小表情。

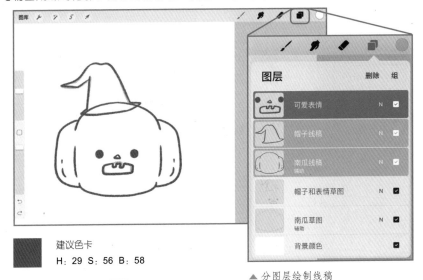

建议色卡
H：29 S：56 B：58

▲ 分图层绘制线稿

上色：干油墨

Step4：分别复制南瓜和帽子的线稿图层，作为填色图层放在线稿图层下方，重命名为南瓜铺色和帽子铺色，把南瓜色和帽子色拖动填充到对应的区域。

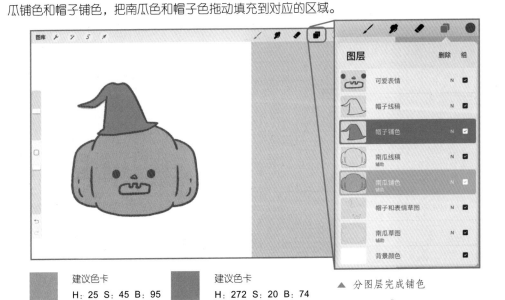

建议色卡
H：25 S：45 B：95

建议色卡
H：272 S：20 B：74

▲ 分图层完成铺色

Step5：新建一个五官填色图层，放在可爱表情图层下方，在该图层中给鼻子和嘴巴区域涂上黄色；继续新建一个高光和腮红图层，在该图层中给南瓜涂上高光和腮红。

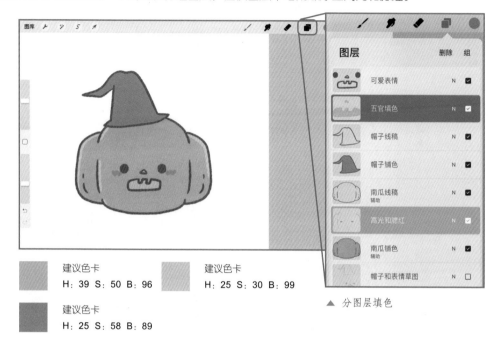

建议色卡
H：39 S：50 B：96

建议色卡
H：25 S：30 B：99

建议色卡
H：25 S：58 B：89

▲ 分图层填色

Step6：在帽子铺色图层上方新建一个帽子底纹图层，打开剪辑蒙版，用干油墨画笔画上五角星作为装饰。再新建一个星星装饰图层，在南瓜灯周围随机加上十字形的小星星，可爱的大脑袋南瓜灯就完成啦！

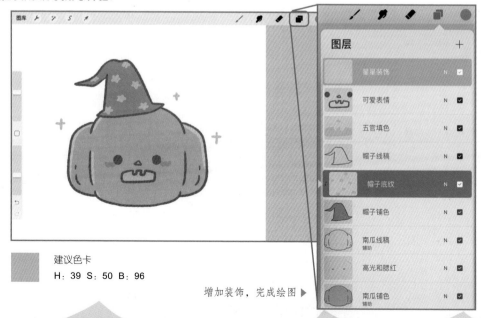

建议色卡
H：39 S：50 B：96

增加装饰，完成绘图 ▶

和它们一起装扮万圣夜吧!

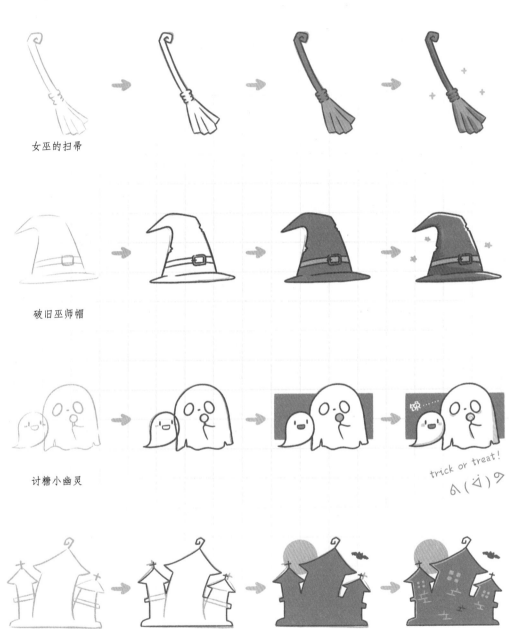

女巫的扫帚

破旧巫师帽

讨糖小幽灵

trick or treat!

神秘的古堡

暖心圣诞节

雪花飞舞的季节，

总有一棵璀璨的圣诞树点亮冬天！

拿起画笔，装扮一棵缤纷多彩的圣诞树吧！

草图：6B铅笔

Step1：新建一个 1500px ×
1500px的画布，重命名图层
为圣诞树草图，打开绘图指引
里的对称模式。点击图层选择
绘画辅助，用三角形和梯形堆
叠出圣诞树的形状。

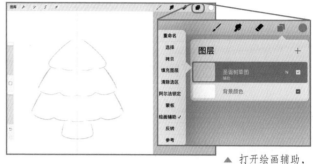

▲ 打开绘画辅助，
绘制草图

线稿：干油墨

Step2：新建一个圣诞树
线稿图层，打开图层的绘画
辅助功能，用干油墨画笔勾
勒出圣诞树的轮廓。

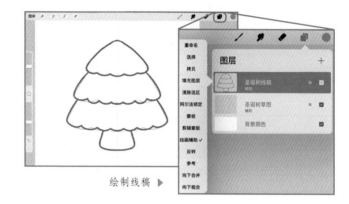

绘制线稿 ▶

 建议色卡
H：29 S：56 B：59

上色：干油墨

Step3：复制圣诞树线稿
图层，作为上色图层放在线
稿图层下方，重命名为圣诞
树铺色。在新图层中从浅到
深填充绿色到树冠部分，填
充棕色到树干部分。

▲ 完成铺色

 建议色卡
H：61 S：40 B：79

建议色卡
H：61 S：54 B：67

建议色卡
H：61 S：60 B：54

建议色卡
H：28 S：49 B：68

Step4：新建一个树叶图
层，在每一层树冠上，用比
树冠浅一号的绿色小波浪线
表现树叶的丰盈感。

建议色卡
H：61 S：54 B：67

建议色卡
H：61 S：40 B：79

建议色卡
H：61 S：27 B：89

▲ 绘制树叶

Step5：新建 3 个图层，
分别重命名为五角星、电线、
星星灯。在圣诞树顶部画一颗
五角星作为装饰，绕着树冠用
长弧线画出星星灯的电线，挂
上小星星灯装点圣诞树。

建议色卡
H：38 S：33 B：100

分图层绘制五角星、电线和星星灯 ▶

Step6：在圣诞树上挂上
具有圣诞氛围的圣诞袜和拐
杖糖作为装饰！

一大波圣诞小可爱正在接近！

圣诞帽

雪人绅士

想看看夏天……

圣诞老人

鼻子总是被冻得红红的……

可爱驯鹿

Lesson ④
活用圆弧线条，
让萌宠软绵绵

👣 万能的圆圆   👣 赋予萌宠丰富表情   👣 打造独特气质

软软喵星人

没有人能拒绝一只香香软软的小猫咪！
这个部分，
让我们一起大口吸猫！

扫一扫，"码"上学

草图：6B铅笔

Step1：新建一个 1500px × 1500px 的画布，重命名图层为头部草图，打开绘图指引的对称模式。点击图层，选择绘画辅助，画一个上小下大、扁扁的椭圆形作为猫咪的脑袋，在脑袋两边偏上位置加上两个竖起的小耳朵。

tips：画可爱小动物的时候，可以把脸画胖一点，放大耳朵或者其他有代表性的特征。

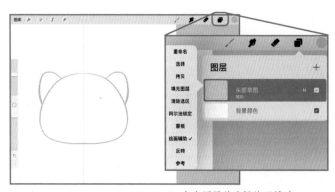

▲ 点击图层并选择绘画辅助

Step2：新建一个身体草图图层，打开图层的绘画辅助，在该图层中画出小小的身体，并给猫咪戴上蝴蝶结。

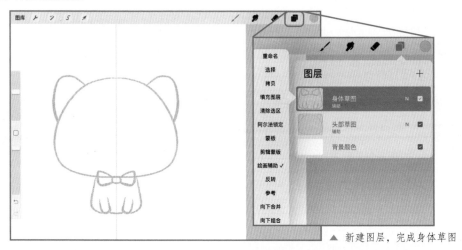

▲ 新建图层，完成身体草图

Step3：新建一个五官草图图层，打开图层的绘画辅助，在该图层中给猫咪加上可爱的五官和胡须。

▲ 新建图层并完成五官草图

Step4：新建一个尾巴草图图层，在身体的一侧画出猫咪的小尾巴。

▲ 完成尾巴草图

tips：大大圆圆的眼睛可以增加猫咪的元气感，如果想表现猫咪慵懒的气质，可以尝试让猫咪的眼睛眯起来。

线稿：干油墨

Step5：新建一个线稿图层，打开图层的绘画辅助，用棕色勾勒出猫咪身体、五官和胡须部分的线稿轮廓，画好之后关闭图层的绘画辅助，单独勾勒出尾巴，画好之后隐藏草图图层。

建议色卡
H：29 S：62 B：58

▲ 新建图层并完成线稿

▲ 隐藏所有草图图层

上色：干油墨

Step6：新建一个底色图层，用喜欢的颜色画出一个矩形，并放在线稿图层下方。

建议色卡
H：18 S：19 B：99

▲ 填充一个底色

Step7：在底色图层上方新建一个身体填色图层，在该图层中给猫咪的身体填充白色。

tips：画有花纹的猫咪时也可以先铺一层底色，再利用剪辑蒙版画出花纹的颜色。

完成身体填色 ▶

Step8：新建一个面部上色图层，打开图层的绘画辅助，利用对称功能更快捷地给猫咪的耳朵、面部和蝴蝶结填色。

建议色卡
H：21 S：31 B：92

建议色卡
H：198 S：15 B：95 ▲ 利用绘画辅助完成耳朵、面部和蝴蝶结填色

建议色卡
H：12 S：27 B：96

建议色卡
H：13 S：38 B：91

Step9：在线稿图层上方新建一个星星眼图层，在该图层中给猫咪的眼睛画上小星星和装饰圆点！

建议色卡
H：36 S：56 B：99

▲ 完成星星眼绘制

Step10：新建一个图层，在背景色块的留白区域加上十字形小星星的装饰，然后关闭绘图指引，绘制就完成啦！

在这只小猫咪形象的基础上画出不同的花纹，一窝萌萌的小猫咪就出现啦！

赋予小猫咪更丰富的表情,可以收获更多快乐!

开心喵

熟睡喵

委屈喵

馋嘴喵

每一种猫咪

都有属于自己的独特气质。

"挖煤"暹罗

甜美布偶

乖巧英短

蠢萌折耳

乖巧汪星人

是活泼可爱的拆家小能手，

也是乖巧暖心的大毛绒玩具，

胖乎乎的小柴犬，代表汪星人前来报到！

草图：6B铅笔

Step1：新建一个 1500px × 1500px 的画布，重命名图层为草图，画一个大大圆圆的包子脸，加上可爱的呆毛、耳朵和表情，再加上短小的身体和四肢。

tips: 狗狗的画法和猫咪相似，可以通过标志性的动作和表情表现不同狗狗的性格。

▲ 新建图层，完成草图

线稿：干油墨

Step2：新建一个线稿图层，选择深棕色，勾勒出柴犬的轮廓，尽可能保持线条柔软，让小狗看起来更可爱。画完之后将草图图层隐藏起来。

▲ 新建图层完成线稿

建议色卡

H: 29 S: 62 B: 58

上色：干油墨

Step3：复制一个线稿图层作为小狗的底色填充层，重命名为身体填色，选择浅橘色，拖动颜色填充到小狗的身体区域。

▲ 完成身体填色

建议色卡
H：29 S：37 B：96

Step4：在身体填色图层上方新建一个白毛图层，打开图层的剪辑蒙版，选择白色，用干油墨画笔涂出白毛的部分。

▲ 利用剪辑蒙版完成白毛填色

Step5：新建一个舌头和腮红图层，涂出萌萌的小舌头和腮红。

tips：吐舌是狗狗常见的动作，粉粉的小舌头和腮红呼应，更显可爱俏皮！

建议色卡

H：19 S：44 B：100

▲ 完成舌头和腮红绘制

Step6：新建一个耳朵图层，用粉色涂出耳朵内部的粉色区域；点击图层，选择阿尔法锁定，在粉色区域的外圈勾出白边。

建议色卡

H：18 S：19 B：99

▲ 利用阿尔法锁定给耳朵填色

Step7：在小狗的身体填色图层下方新建一个草地背景图层，画出一块椭圆形的草地，用小波浪凸起画出杂草。

建议色卡
H：60 S：54 B：74

▲ 完成草地背景绘制

Step8：在线稿图层上方新建一个草地前景图层，同样用绿色波浪形凸起画出前景的杂草，看起来像是小狗坐在草丛里。

▲ 完成草地前景绘制

Step9：新建一个眼睛高光图层，给小狗的眼睛点上白色的高光。

▲ 完成眼睛高光绘制

Step10：新建图层，用浅一号的绿色画出草地的纹理；在小狗周围加上小星星的装饰。萌萌的小柴犬就完成啦！

更多乖巧汪星人等你来抱走！

聪明小金毛

翘臀胖柯基

大胡子雪纳瑞

巧克力泰迪

兔 子 毛 茸 茸

圆鼓鼓的腮帮子，柔软蓬松的毛发，
爱吃蔬菜的小动物都是小天使！
让我们先来绘制可爱的小兔子吧！

扫一扫，"码"上学

草图：6B铅笔

Step1：新建一个 1500px × 1500px 的画布，重命名图层为身体草图，画出包子脸的大脑袋和小小的身体，并加上竖起的长耳朵。

▲ 完成身体草图

tips：兔兔都有圆鼓鼓的腮帮子，搭配标志性的长耳朵，卖萌必备！

Step2：新建一个五官草图图层，给兔兔加上萌萌的大眼睛、鼻子、嘴巴和手里的胡萝卜。

▲ 完成五官草图

线稿：干油墨

Step3：新建一个线稿图层，选择棕色，用干油墨画笔勾勒出兔兔的轮廓，画完之后隐藏所有草图图层。

▲ 完成线稿，隐藏所有草图图层

建议色卡
H：29 S：62 B：58

上色：工作室/干油墨

Step4：新建一个背景色图层，用干油墨画笔画一个绿色方块作为底色，放在线稿图层下方。

▲ 填充背景

建议色卡
H：59 S：31 B：87

Step5：新建一个身体填色图层，用工作室画笔以与线稿相同的颜色沿线稿边缘勾勒出兔兔的形状，把白色拖动填充进兔兔的身体区域。

▲ 填充身体颜色

Step6：在身体填色图层上方新建一个耳朵和腮红图层，给兔兔涂出粉色的耳朵和腮红。

建议色卡
H：18 S：19 B：99

▲ 填充耳朵和腮红颜色

Step7：继续新建一个胡萝卜图层，给胡萝卜填充颜色，并用短线条画出胡萝卜的纹理。

建议色卡
H：25 S：67 B：96

▲ 填充胡萝卜颜色

Step8：在兔兔的身边画出橘色的小花作为装饰，兔兔就绘制完成啦！

元气满满的小动物家族集合啦！

发呆垂耳兔

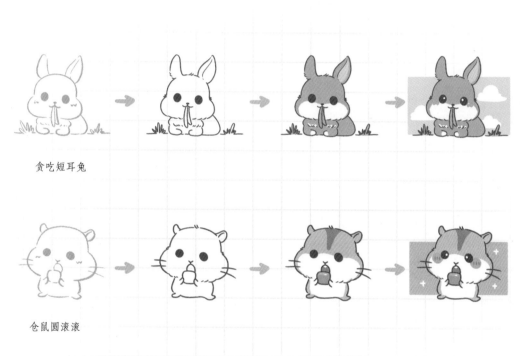

贪吃短耳兔

仓鼠圆滚滚

龙猫胖乎乎

圆圈变动物

除了把动物的头部放大、身体缩小以外，
用一个圆圈来概括小动物的基本形状，也可以收获意想不到的萌态
让我们尝试从一个圆圈出发，画出可爱的小熊猫吧！

草图：6B铅笔

Step1：新建一个 1500px×1500px 的画布，重命名图层为基础形状。随手画一个圆圈，不用太规则和对称。

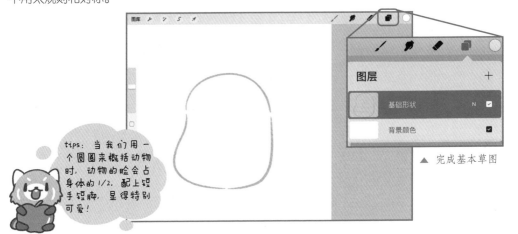

tips：当我们用一个圆圈来概括动物时，动物的脸会占身体的1/2，配上短手短脚，显得特别可爱！

▲ 完成基本草图

Step2：新建一个增加五官细节图层，把圆圈的上半部分视作动物的头部，根据小熊猫的五官特征添加头部两侧的蓬松毛发和小耳朵。在上半部分的中间位置画出小熊猫的脸，中间用小小的半圆弧画出小爪子，在圆圈底部画出小熊猫粗壮的尾巴。

▲ 完成五官草图

Step3：新建一个可爱小道具图层，增加可爱小元素，比如在小熊猫头顶上画一个小苹果。

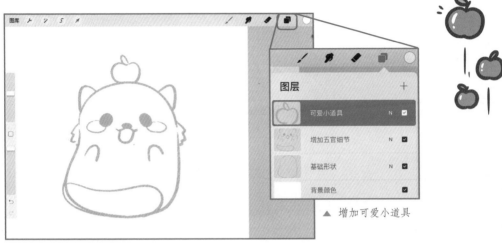

▲ 增加可爱小道具

线稿：干油墨

Step4：新建两个线稿图层，重命名为小熊猫线稿和苹果线稿，分别勾勒出小熊猫和苹果的轮廓，画完之后隐藏草图图层。

建议色卡
H：29 S：62 B：58

▲ 完成线稿后隐藏草图图层

上色：干油墨

Step5：复制出一个小熊猫线稿图层作为铺色图层，重命名为身体铺色，选择浅橘色并拖动颜色填充小熊猫的身体区域；根据小熊猫的毛色特征，在其面部画出白色的毛发。

建议色卡
H：26 S：37 B：99

▲ 完成身体铺色

Step6：新建一个纹理图层，打开剪辑蒙版，用深色画出小熊猫身体的重点色。

建议色卡
H：26 S：46 B：69

▲ 利用剪辑蒙版完成纹理绘制

Step7：分别新建两个图层，重命名为嘴和苹果，给小熊猫的嘴和头顶的苹果涂上相应的颜色。

建议色卡
H：9 S：41 B：90

▲ 完成配件填色

Step8：在身体铺色图层下方新建两个图层，在一个图层中画一个矩形填充底色，再在另一个图层中加上白色小星星作为装饰，圆圈就变成小熊猫啦！

用相同的画法，把圆圈变成各种可爱的动物。

吃瓜小熊

气球小猪

慵懒熊猫

贪吃树袋熊

派礼小鹿

卷毛小羊

冰棍企鹅

发呆狐狸

Lesson 5
画出元气脸，让小人萌度爆表

- 借助火柴人画形象
- 调整人物身材比例
- 来一个"侧颜杀"
- 加撮呆毛
- 解锁百变穿搭

画一个萌系小人儿

有了可爱的脸型，
塑造萌系人物就成功一半了！

萌系小人儿的脸型

最常见的元气脸型

圆脸

圆脸适合一切可爱的人物，温柔、百搭

包子脸

肉嘟嘟的可爱包子脸，让人很想捏一把

有助于展现人物性格的其他可爱脸型

小方脸

小方脸更适合男孩子，可以增加呆萌属性

嘟嘟脸

脸微微侧向一边，显得更俏皮、灵动

哇，原来我也可以变得这么萌！

萌系脸型对性别和年龄没
有限制，非常百搭哦。

小圆脸的诞生

扫一扫，"码"上学

小圆脸是萌系小人儿的基础脸型，和任何发型都很百搭。

草图：6B铅笔

Step1：新建一个2000px×2000px的画布，重命名图层为草图，选择素描分类中的6B铅笔，在第一个图层中简单勾勒出头部轮廓、耳朵轮廓和五官十字线。

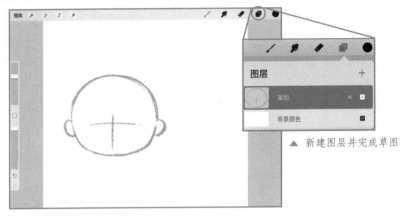

▲ 新建图层并完成草图

线稿：工作室笔

Step2：在草图图层上方新建一个脸部轮廓图层，选择着墨分类中的工作室笔，勾勒出脸部轮廓和耳朵。再新建一个五官图层，根据五官十字线，画上圆圆的大眼睛和可爱的小嘴。

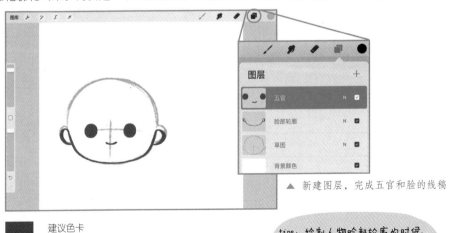

▲ 新建图层，完成五官和脸的线稿

建议色卡
H：23 S：54 B：47

tips：绘制人物脸部轮廓的时候，可以先画出头型和五官十字线，辅助构图。

Step3：新建一个头发轮廓图层，在所画头型的基础上适度向外扩展，画出发型的轮廓，保证头发有一定的厚度；可以在头顶画出呆毛，增加呆萌属性。

▲ 勾勒出头发

Step4：隐藏草图图层，继续新建一个身体图层，给小人儿勾勒出小巧的身形；画好之后擦除身体遮挡住头发部分的线条。

▲ 新建图层并完成身体绘制

上色：单线/工作室笔

Step5：在草图图层上方新建一个铺色图层，选择书法分类中的单线画笔，分区域平铺底色。

建议色卡
H：26 S：11 B：99

建议色卡
H：38 S：57 B：100

建议色卡
H：26 S：28 B：75

▲ 新建图层并分别上色

Step6：在铺色图层上方新建一个图层，选择剪辑蒙版，用工作室笔在脸部、耳朵、脖子和头发的部分简单画出阴影和高光，涂上腮红，人物显得元气满满！

建议色卡
H：26 S：26 B：88

建议色卡
H：19 S：19 B：99

tips：画可爱风格头像的时候，可以适当放大头部、缩小身体。

萌度爆表的包子脸

包子脸是小圆脸的升级版，圆嘟嘟的脸颊，萌度加倍！

草图：6B铅笔

Step1：新建一个2000px×2000px的画布，重命名图层为草图，选择素描分类中的6B铅笔，在第一个图层中画出头部结构草图，两颊在圆脸的基础上向外鼓一点。

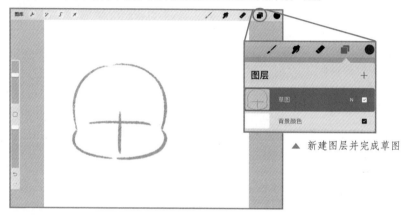

▲ 新建图层并完成草图

线稿：工作室笔

Step2：在草图图层上方新建一个面部轮廓图层，选择着墨分类中的工作室笔，勾勒出包子脸的轮廓。在面部轮廓图层上方新建一个五官图层，根据五官十字线画上可爱的五官。

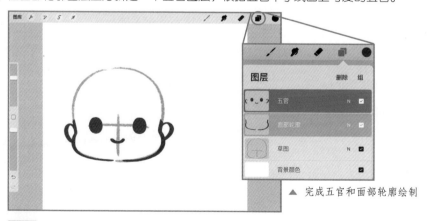

▲ 完成五官和面部轮廓绘制

建议色卡
H: 23 S: 54 B: 47

tips: 掌握了包子脸的画法,
画出的小人儿会可爱加倍!

Step3：新建一个头发轮廓图层，在所画头型的基础上适度向外扩展，画出短发妹妹的头发轮廓。刘海儿不用画得太细碎，用几条比较圆润的弧线概括即可。

▲ 新建图层并完成头发轮廓绘制

Step4：隐藏草图图层，继续新建一个身体和发饰图层，给可爱的妹妹画出小巧的身形，搭配萌萌的发饰。

▲ 新建图层并完成发饰和身体绘制

上色：单线/工作室笔

Step5：在面部轮廓图层下方新建一个铺色图层，选择书法分类中的单线画笔，分区域平铺底色。

建议色卡
H：25 S：57 B：76

建议色卡
H：19 S：53 B：94

建议色卡
H：26 S：11 B：99

▲ 新建图层并完成填色

Step6：在铺色图层上方新建一个图层，选择剪辑蒙版，依次用工作室笔画出脸部、耳朵、发饰和脖子的阴影，以及头发、衣服和蝴蝶结上的高光并画出腮红，完成！

五官变化一下也不错

眼睛和嘴巴在绘画的时候可以有很多不同的表现方法哦。

常见的几种可爱的眼睛画法

圆圆的大眼睛，
加上高光更适合卖萌

直线型眼睛，
在简笔画中有睁大眼睛的视觉
效果

豆豆眼更呆萌，
适合搭配具有喜剧效果的表情

更多嘴形

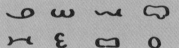

耳朵可以用半圆来表示

鼻子可以用一个点来表示，也可以
省略不画

看多了闪亮的大眼睛，有些时候呆萌
的豆豆眼更能表达情绪！

来一个"侧颜杀"

转动头部的时候，五官的位置也会跟着发生变化。

仰视的五官
仰视的时候五官整体上移，侧向一边

俯视的五官
俯视的时候五官下沉，耳朵在斜上方

tips: 由于重力的原因，头发
也会随之变形哦。

百变发型

不同的发型可以表达出不同的人物性格。

在可爱脸型的基础上搭配不同的发型，就能创造出一系列可爱人物。

男生发型

在画男生发型的时候，

可以在勾勒发型轮廓的时候画出碎发，这样会显得更有活力！

清爽短发　　　　　　　　　刘海短发　　　　　　　　　复古发型

女生发型

女生的发型要突出发量，

画得柔顺一点。无论是直发还是卷发，都可以用柔软的曲线来表现。

可爱双马尾　　　　　　　　清凉丸子头　　　　　　　　温柔气质卷发

除了改变发型，
还可以给人物加上萌萌的发饰，可爱又有元气！

情侣逗趣的日常

加上动物耳朵，秒变大灰狼和小白兔

可爱动物元素

猫耳朵

小熊耳朵

小鹿角

小狗耳朵

兔子耳朵

狐狸耳朵

常见萌系人物身型

可爱的脸也要配上可爱的身型！
二头身和三头身是萌系人物的常见身型，一起来画画看吧！

俗称的二头身，指的是头和身体的比例是1：1，即人物整体的高度是2个头的高度。

绘画的时候，我们可以先画出1个头的大小，然后以头长为1个单位长度来确定人物的身高。

草图：6B铅笔

Step1：新建一个 2000px × 2000px 的画布，重命名图层为头部圆圈，在其中画一个圆圈作为人物头部的基准形状。然后将这个圆圈复制一个，作为单独图层叠在头部下方，重命名图层为身体圆圈，量出身体的高度。

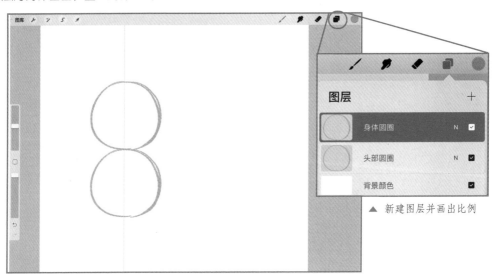

▲ 新建图层并画出比例

Step2：将身体圆圈图层的不透明度降低到 50%，新建一个身体结构草图图层，用简单的几何形状勾勒出身体的轮廓。这一阶段无须考虑人物的服装，只需画出肢体的形状即可。

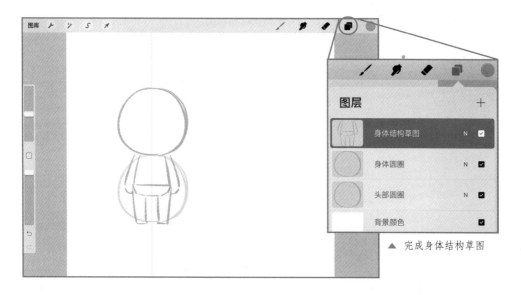

▲ 完成身体结构草图

Step3：隐藏身体圆圈图层，将头部圆圈图层和身体结构草图图层的不透明度都降低到 50% 左右，新建一个人物草图图层。打开绘画辅助的对称模式，画出更细致的人物草图，给人物增加服装、发型、五官等细节，完成之后隐藏其他的草图图层，只保留最终草图。

▲ 完成整体草图

草图：6B铅笔

Step4：新建一个人物线稿图层，打开绘画辅助，用深棕色在草图的基础上勾勒出线稿，让线条更平滑流畅。

建议色卡
H：23 S：54 B：47

▲ 完成人物线稿

上色：单线

Step5：在人物线稿图层下方新建 5 个上色图层，从下到上依次重命名为皮肤、头发、水手服、领结、腮红，以平涂的方式分别在相应图层中给皮肤、头发、水手服、领结和腮红区域铺色。隐藏人物草图图层。

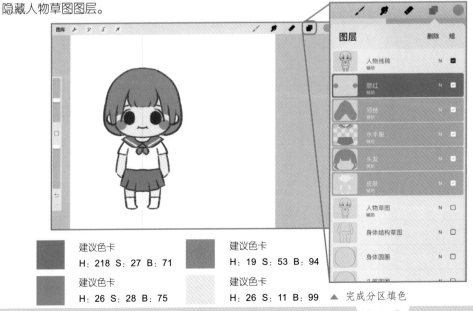

建议色卡
H：218 S：27 B：71

建议色卡
H：19 S：53 B：94

建议色卡
H：26 S：28 B：75

建议色卡
H：26 S：11 B：99

▲ 完成分区填色

Step6：最后，在人物线稿图层上方新建一个高光图层，打开绘画辅助，将人物的眼睛和腮红用白色点上高光！可爱的二头身妹妹就完成啦！

▲ 加上高光，完成绘画

三头身人物的身体更修长，相应人物的脸也可以画得更瘦一点，和身材比例相呼应。

延续二头身的绘画方法，拉长身材比例，我们一起来画一个三头身的小姐姐吧！

草图：6B铅笔

Step1：新建一个 2000px×2000px 的画布，重命名图层为上。画一个圆圈作为头部，复制出两个图层，分别重命名为中、下，叠在一起作为人物的身高参考。

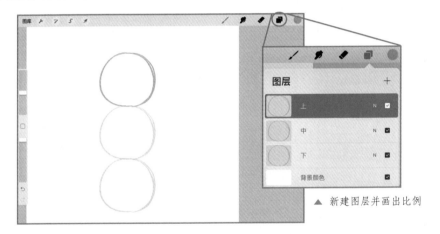

▲ 新建图层并画出比例

Step2：降低中、下图层的不透明度，在上图层下新建一个身体结构草图图层，画出身体的结构草图，控制身体的总高度约等于 2 个头的高度。

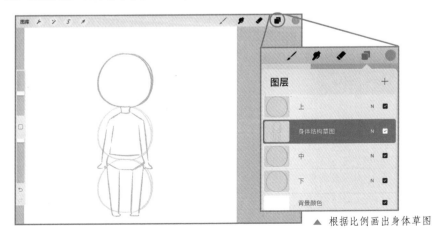

▲ 根据比例画出身体草图

Step3：在上图层上方新建一个草图图层，打开绘画辅助的对称模式，在身体结构草图的基础上画出人物的完整草图。相较于二头身人物，三头身人物的脸可以画得更瘦一些，四肢也更纤长。

▲ 完成草图

线稿：6B铅笔

Step4：新建一个线稿图层，打开绘画辅助，用棕色或黑色勾勒出更平滑的线稿。

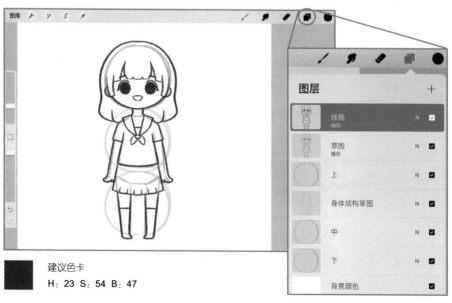

建议色卡
H: 23 S: 54 B: 47

▲ 完成线稿

上色：单线

Step5：在线稿图层下方新建 5 个上色图层，从下到上依次重命名为皮肤、头发、水手服、领结、腮红，以平涂的方式分别在相应图层中给皮肤、头发、水手服、领结和腮红区域铺色。隐藏所有草图图层。

建议色卡
H：218 S：27 B：71

建议色卡
H：19 S：53 B：94

建议色卡
H：26 S：28 B：75

建议色卡
H：26 S：11 B：99

▲ 完成分区填色

Step6：在线稿图层上方新建一个高光图层，给眼睛和腮红点上高光。

完成绘画 ▶

除了常见的二头身和三头身，平时绘画的时候可以根据需要调整身材比例。身高越矮，越容易凸显人物乖巧软萌的气质；身高越高，相应的人物会显得更纤瘦修长，更具有漫画气质。

摆个 POSE 吧 | 熟悉了小人儿的身材比例，接下来，我们将以二头身为例，让小人儿变换更多姿势！

借助火柴人草图，我们来看看人物有哪些部位是可以活动的。红色圆圈的位置代表了人物的活动点。

想要画出小人儿运动的姿态，我们可以先画一个火柴人：摆出基本的姿势，再画出完整的人物形象。

从吃冰激凌的小妹妹开始，解锁可爱小人儿的动态画法。

草图：6B铅笔

Step1：新建一个 1500px × 1500px 的画布，画一个二头身的火柴人，大致摆出边走边吃冰激凌的动作。四肢可以用线段来代表，关节部位用小圆圈来表示。

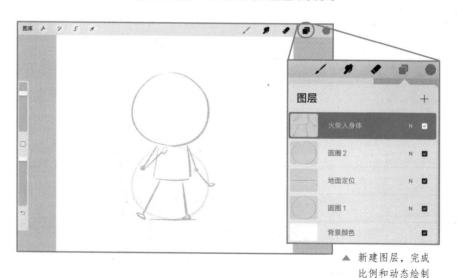

▲ 新建图层，完成比例和动态绘制

tips：确定动作姿势阶段，无须画出完整的人物形象，利用火柴人能使效率倍增！

Step2：在火柴人头部位置的轮廓基础上新建头部草图图层，用深一号的蓝色画出小妹妹的头部草图，搭配可爱的麻花辫和舔嘴唇的小动作。

▲ 画出头部草图

Step3：新建一个身体结构草图图层，画出身体部分和冰激凌的草图，用深一号的蓝色在火柴人动作轮廓的基础上加粗，画出比较圆润的四肢。

▲ 完成身体和冰激凌草图的绘制

Step4：隐藏火柴人图层，把身体结构草图图层的不透明度调整到 50% 左右，新建一个身体草图图层，画出穿衣服的小人儿的身体部分，配上手里的冰激凌和小熊挎包，画好之后隐藏身体结构草图图层。

完成整体的草图绘制 ▶

线稿：工作室笔

Step5：新建 3 个图层并分别重命名，选择工作室笔，分别在 3 个图层上勾勒出头部线稿、身体线稿和包包的线稿。

建议色卡
H：23 S：54 B：47

▲ 分图层完成线稿

Step6：找到对应的图层，擦掉红线部分被遮挡部分的线条，把 3 个线稿图层合并在一起，线稿部分就完成啦！

▲ 在各图层中擦除多余的
　部分

▲ 合并图层，完成线稿

上色：工作室笔

Step7：打开线稿图层的参考，在线稿图层下方新建一个铺色图层，拖动颜色至对应的区域，给人物铺一层底色。

▲ 打开图层参考

▲ 完成分区域铺色

建议色卡
H: 215　S: 27　B: 90

建议色卡
H: 29　S: 9　B: 98

建议色卡
H: 32　S: 36　B: 83

建议色卡
H: 27　S: 25　B: 73

建议色卡
H: 32　S: 26　B: 93

tips：将线稿图层设置为参考，在其他图层填色时，颜色也会根据线稿的图案进行区域划分。需要注意的是，参考的线稿要完全闭合的图形才可以哦。

Step8：在铺色图层上方新建一个细节图层，打开剪辑蒙版，给面部画上腮红，给小舌头涂色，并在冰激凌的蛋筒部分画上网格。

建议色卡
H：20 S：33 B：94

建议色卡
H：21 S：48 B：89

建议色卡
H：32 S：36 B：83

▲ 完成细节刻画

Step9：在人物铺色图层下方叠加一个底色色块，用深一号的颜色画几颗小星星作为装饰，可爱的冰激凌小妹妹就完成啦！

用同样的方法，尝试解锁更多动作。

开心到跳起

奔跑吧少女

不听不听

准备睡觉啦

换装更可爱

职场通勤、度假约会……搭配不同风格的服装，
小人儿一下子就生动起来了！
从职场开始，解锁百变穿搭！

草图：6B铅笔

Step1：新建一个 1500px×1500px 的画布，重命名图层为结构草图，用简单的线条大致勾勒出人物的比例和动作。

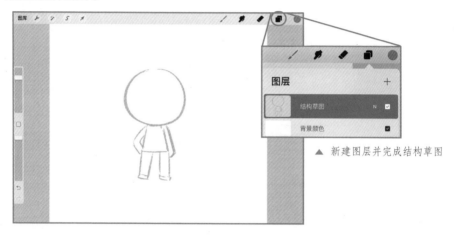

▲ 新建图层并完成结构草图

Step2：新建一个人物草图图层，用深一号的颜色，在动作轮廓的基础上给人物穿上服装，配上干练的发型并画出五官，画好之后隐藏结构草图图层。

▲ 完成草图基本绘制

tips：服装和人物的年龄、职业相关，给人物
搭配服装的时候要和周围的环境相呼应哦。

Step3：继续新建一个小元素图层，在人物的周围画上一些与工作相关的小元素——飞起的纸张和语音消息。

▲ 完成小元素的绘制

线稿：工作室笔

Step4：新建一个人物线稿图层，勾勒出人物的完整线稿，注意线条之间不要留缝隙。

▲ 完成人物线稿的绘制

建议色卡
H：23 S：54 B：47

Step5：新建一个小元素线稿图层，勾勒出小元素的轮廓。在人物脚下画出水平线，画好之后隐藏所有的草图图层。

▲ 完成小元素线稿的绘制

上色：工作室笔

Step 6：打开人物线稿图层的参考，在人物线稿图层下方新建一个铺色图层，拖动颜色到对应的位置，给人物铺上一层底色。

▲ 打开参考

▲ 完成分区域铺色

建议色卡
H：38 S：12 B：100

建议色卡
H：29 S：9 B：98

建议色卡
H：20 S：48 B：89

建议色卡
H：27 S：31 B：68

Step7：在铺色图层上方新建一个面部阴影图层，点击图层，选择剪辑蒙版，用比肤色深一号的颜色给面部和颈部叠加阴影。

建议色卡
H：21 S：16 B：96

▲ 选择剪辑蒙版并画出阴影

Step8：新建一个阴影高光图层，点击图层，选择剪辑蒙版，给头发和西装简单添加阴影和高光。

▲ 选择剪辑蒙版并画出阴影和高光

Step9：新建一个腮红图层，给面部添加元气满满的腮红。

建议色卡
H：20 S：39 B：94

建议色卡
H：20 S：48 B：89

▲ 新建图层并完成添加腮红

Step10：在铺色图层下方新建一个底色图层，用矩形色块叠加底色；新建一个图层，给小元素填充对应的白色和绿色，元气满满的职场穿搭就完成啦！

换装更可爱！

清凉度假装

甜美街拍装

活力运动装

慵懒居家装

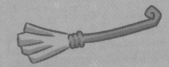

Lesson ⑥

通过有趣的排列组合，
画出萌萌的装饰元素

☆ 添加高光　☆ 添加质感　☆ 图形边框　☆ 图案底色

☆ 修改配色　☆ 给简单形状加点"料"

☆ 万物皆可提炼　☆ 形象联想

可爱英文元素

让平平无奇的英文元素变得非常可爱！

掌握了这套方法，只需要简单几步，就能让你的英文生动起来！

让我们从常用的"Happy Birthday"开始，写出具有水晶质感的可爱文字吧！

基础文字

Step1：新建一个 1500px × 1500px 的画布，选择书法分类中的画笔笔刷，分两个图层，分别写出"Happy"和"Birthday"两个单词并相应重命名图层。

tips：适当延长结尾字母，拉出漂亮的弧线形，可以让文字更舒展；选择紫色和粉色进行搭配，可以增加色彩的层次感。

建议色卡
H：267 S：9 B：84

建议色卡
H：1 S：22 B：91

▲
新建图层并绘制基本文字框架

添加质感

Step2：在两个字母图层上方分别新建两个质感图层，分别点击图层并选择剪辑蒙版，选择气笔修饰中的软画笔，将画笔的不透明度调整为 40%。用白色在字母的位置横着轻画，让字母呈现出半透明的果冻质感。

滑动这里调整笔刷不透明度 →

▲ 选择剪辑蒙版并添加质感

添加高光

Step3：在最上方新建一个文字高光图层，选择书法分类中的画笔笔刷，调小画笔尺寸，用比较细的白色线条在每个字母上画出"！"形状的高光。

滑动这里调
整笔刷大小 →

新建图层并添加文字高光 ▶

图形边框

Step4：在背景颜色图层上方新建一个图形边框图层，根据字母的轮廓，用柔软的弧线勾勒一个可爱的兔子形边框。

建议色卡
H：21 S：16 B：96

▲ 增加可爱的边框

图案底色

Step5：在图形边框图层下方新建一个底色图层，选择单线画笔，用比较浅的粉色画出可爱的小云朵，叠在文字下方。

建议色卡
H：22 S：7 B：99

▲ 增加小元素

装饰元素

Step6：在最上方新建两个图层，用粉色和紫色在文字周围加上大大小小的气泡，用黄色点缀五角星和十字形小星星，萌萌的水晶文字就完成啦！

用不同的笔刷以相同的方法绘制，

再搭配不同的装饰元素，就可以拥有更多可爱的英文元素。

SUNDAY　画笔＋水粉

PAINTING　单线

SUPER COOK　画笔＋单线

MERRY CHRISTMAS　画笔＋演化＋单线

可爱中文元素 中文元素更丰富多样，在设计的时候可以做出很多有趣的排列和变化，只要选好配色和装饰元素，就可以写出可爱的中文签名！打破常规排列，写出萌萌的手绘签名吧！

基础文字

Step1：新建一个 **1500px × 1500px** 的画布，选择单线画笔，把笔刷尺寸调大一点，分 3 个图层写出圆润的中文文字并相应重命名图层。写好之后把"可"字的"口"换成爱心形状，使文字看起来更活泼。

tips: 不同的词语可以分图层来写，方便修改颜色和位置。

建议色卡
H: 1 S: 22 B: 91

▲ 分3个图层写下基础文字

修改配色

Step2：单一的文字颜色会显得比较单调，可以选择不同颜色进行搭配。对"即是"图层进行阿尔法锁定，把颜色改成草绿色，增加视觉层次感。

建议色卡
H：61 S：39 B：79

▲ 打开阿尔法锁定并替换颜色

添加边框

Step3：在文字下方新建线框 1、线框 2 两个图层，搭配深浅不一的绿色，用流畅的波浪形曲线，沿着文字的大致范围添加边框。

建议色卡
H：60 S：13 B：95

▲ 新建两个图层以增加装饰

可爱元素

Step4：在最上方新建一个图层，增加可爱的辅助图形和小元素。在第二排文字上方画出萌萌的兔子脑袋，在周围添加短线条和小爱心的装饰，萌萌的手绘中文签名就完成啦！

以下这些案例都是用单线画笔完成的。

很多英文元素的装饰方法，在中文元素设计的时候也是通用的。

可爱的餐具、胖胖的猫咪，
令人充满食欲！

圆润的粗体字搭配暖色系颜色，
给人团圆美满的感觉！

根据词条的内容进行联想，灵活运用各种装饰手段，

尝试还原这些萌系个性签名，再给自己设计一个可爱的签名吧！

百搭的甜甜小草莓，
给文字增加了几分少女感！

从文字中提炼出具象化的词语，
再用简笔画表现出来就很妙！

萌萌的装饰元素

无论什么时候，可爱的装饰小元素，
都能为画面增加元气！
解锁更多萌萌的装饰技巧，让画面丰富起来吧！

装饰法则1：给简单的形状"加点料"
（笔刷：单线画笔）

在常用的简单装饰元素的基础上加上几笔，就能让画面丰富起来。

星星

Step1：用深浅不一的黄色画几颗五角星和十字形的小星星。

Step2：新建一个图层，点击图层，选择剪辑蒙版，给五角星加上纹理。

花朵

Step1：画几朵糖果色的实心小花和空心小花。

Step2：用线条和纹理画出花瓣和花蕊。

蝴蝶结

Step1：用不同的颜色勾勒出蝴蝶结的形状并填充颜色。

Step2：加上大小不一的彩色气泡，提升装饰性！

装饰法则2：万物皆可提炼
（笔刷：单线画笔）

将自然界的形象提炼概括成简单的形状，也能起到良好的装饰效果。

元气小星球

萌趣仙人掌

装饰法则3：形象联想
（笔刷：单线画笔）

选择一个主元素，在这个元素的基础上做联想，也可以让画面更加丰富有趣。

猫咪和鱼骨

等你消息

作为食物链的两端，猫咪和鱼骨充满童趣又引人联想。用同色系的颜色进行搭配，画面色彩更和谐。

邮件、语音和文字消息，组成了我们共同的聊天回忆。

边框

一个可爱的边框，
可以让一堆平凡的文字瞬间可爱"爆表"！
灵活运用生活中的小元素，能为你的文字增加童趣。

边框法则1：对角线大法

将两个可爱的小元素放在矩形对角线的两端，再用装饰性线条连接起来，一个萌系边框就装饰完成了！

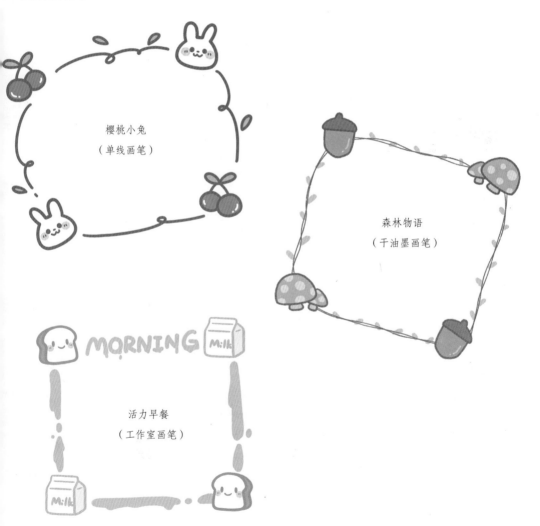

边框法则2：放大！

用稍粗的线条，勾勒出你喜欢的形象的边框，加上可爱的表情，就得到了简单的小便签轮廓！